U0364927

Artificial Intelligence and Big Data: The Birth of a New Intelligence

人工智能和大数据

新智能的诞生

[法]费尔南多·伊弗雷特（Fernando Iafrate） 著

吴常玉 译

清华大学出版社
北京

内 容 简 介

本书介绍了人工智能和大数据的技术发展及相关应用领域。全书共分为 4 章：第 1 章智能的含义，第 2 章数字学习，第 3 章算法的统治，第 4 章人工智能的用途。书中主要内容包括智能的定义、商业智能、人工智能、商业智能的发展历史、学习的定义、数字学习、大数据和物联网的影响、基于大数据的人工智能、监督学习和无监督学习、算法的定义、AI 简史、人工智能的应用。为了方便读者阅读，本书在多个附录中介绍了 AI 和大数据的相关技术和术语。本书适合从事人工智能项目开发的读者阅读。

Artificial Intelligence and Big Data：The Birth of a New Intelligence
Fernando Iafrate.
ISBN：978-1-78630-083-6
Copyright © ISTE Ltd 2018
此中文翻译权为 JohnWiley&Sons Limited 授权清华大学出版社。
北京市版权局著作权合同登记号　图字：01-2018-7425

图书在版编目（CIP）数据

　人工智能和大数据：新智能的诞生/(法)费尔南多·伊弗雷特(Fernando Iafrate)著；吴常玉译.—北京：清华大学出版社，2020.1
　(人工智能科学与技术丛书)
　ISBN 978-7-302-53121-0

　Ⅰ．①人… Ⅱ．①费…②吴… Ⅲ．①人工智能 ②数据处理 Ⅳ．①TP18②TP274

　中国版本图书馆 CIP 数据核字(2019)第 100731 号

责任编辑：盛东亮　赵佳霓
封面设计：李召霞
责任校对：时翠兰
责任印制：宋　林

出版发行：清华大学出版社
　　　网　　址：http://www.tup.com.cn，http://www.wqbook.com
　　　地　　址：北京清华大学学研大厦 A 座　　　　邮　　编：100084
　　　社 总 机：010-62770175　　　　　　　　　　邮　　购：010-62786544
　　　投稿与读者服务：010-62776969，c-service@tup.tsinghua.edu.cn
　　　质量反馈：010-62772015，zhiliang@tup.tsinghua.edu.cn
　　　课件下载：http://www.tup.com.cn,010-83470236
印 装 者：三河市国英印务有限公司
经　　销：全国新华书店
开　　本：147mm×210mm　　印　　张：3.125　　　字　　数：76 千字
版　　次：2020 年 1 月第 1 版　　　　　　　　　　印　　次：2020 年 1 月第1次印刷
定　　价：59.00 元

产品编号：081385-01

译者序
FOREWORD

在 21 世纪的今天，相信你一定对人工智能或者 AI 的概念并不陌生，2016 年 AlphaGo 和人类顶级棋手间的人机大战，让我们见识到人工智能的强大能力。手机 App、人脸识别、扫地机器人及各种穿戴设备等，使得人工智能在我们的生活中随处可见，为我们的生活提供了极大的便利。

人工智能及相关技术的发展，对各个行业产生了革命性的影响。在农业领域，人工智能将为农作物的生产提供更加智能化的辅助手段，其作用将贯穿从种植、灌溉到收获等的生产全流程。人工智能有助于实现自动化、水肥一体化、自动收获加工流程，并降低人工成本，减少资源浪费。在工业领域，人工智能将被应用到生产、制造的多个环节中，改进现有的制造控制和管理体系。全自动生产线将大幅提高产品的制造效率和质量，减少人力投入，并且易于实现个性化定制等新型制造模式。在服务业领域，人工智能技术的应用场景更加多样，涵盖教育、金融、交通、医疗、文体娱乐、公共管理等多个领域。如在医疗领域，智能临床决策支持系统将有助于提高临床诊断的准确度和效率，大幅提高医疗服务水平。

随着计算机、传感器以及电池技术的发展，人工智能及相关产品必然会渗透到我们工作和生活的方方面面，我们会切实地感受到人工智能所带来的便利。从近几年的技术发展来看，相信这个时间不会太久。

　　本书介绍了人工智能的定义、发展历史，以及其在各个领域中的应用，没有涉及理论知识和复杂的算法，对于那些想了解人工智能的读者而言，这本书可以提供很多帮助。

前 言
PREFACE

本书是接续上一本书《从大数据到智能数据》编写的，最初的法语版还包含了一个副标题"为了一个联网的世界"。现在，可以增加"无延迟"，即副标题改为"为了一个无延迟联网的世界"，这是因为在如今这个数字化的环境中，时间已经成为关键词，信息在互联网中以光速传播，所有事情都是围绕着怎样比竞争对手更快更好。

现在，时间这个"无形资产"具有巨大的附加值，这点比以往任何时候都要明显（银行的高频交易就是一个明显的例子，推荐读者阅读 Michael Lewis 的书 *Flash Boys：A Wall Street Revolt*[①]）。很显然，我们的决策和行动在很大程度上与处理信息、综合运用信息和算法的数字世界息息相关。设想一下，一天不用笔记本电脑、智能手机或平板电脑会怎样，由此可见我们的生活和"数字化智能"的关联程度。尽管我们通过数字化智能得到了很多服务，且提高了自动化程度，但我们对这些技术更加依赖，甚至说是上瘾（这很矛盾！）。"新"世界围绕着互联网进行组织，需要企业在高度竞争的环境中做出决策，以及以毫秒级（或者更小）的速度处理复杂的数据。

在现实世界中，"客户体验"已经变得非常关键，而且顾客对商

---

① Michael Lewis 的这本书主要关注高频交易的细节：高频交易的历史、所用的手段及所涉及的股票等。

品、服务或其内容（消息、产品、优惠、信息）的需求也在不断提高。企业希望能够以与其相关的方式"处理"数据，即使是在数字世界中顾客以"匿名"方式访问时（之前没有用过个人授权账号），这就意味着必须要利用其他机制以实现这种"追踪"。虽然有人说"穿上袈裟不一定就是和尚"，但是顾客担心的是，他们在网络中的衣服会留下踪迹（浏览、cookies、IP 地址以及下载历史等）。这样一来，不管他们是否自愿，在不认识他们的情况下也可以给他们打一个数字标识，而且顾客很少或者无法进行控制。

所有的信息都是相互联系的，根据"钥匙环"原理，信息在产生时就会聚集在一起（见图 1）。接下来通过数据定向、分段及推荐引擎方案（在前 10 年左右就已经实现且基于规则引擎或推荐引擎支撑的软件代理）对这些信息进行挖掘。"企业对客户没有所有权，只是拥有客户选择消费的时间"。为了提高沟通的"相关性"，在这段时间内，企业要充分发挥自己的想象力（不过花费也会更高）将客户吸引到他们的信道（网站、联系中心以及门店等）中，"相关性"越高越好。

现有的规则/推荐引擎解决方案和周围环境的交互性不是太好（它们是预定义的模型，所基于的场景描述变量有限），也没有展示出太多的自学习（在分析处理后更新模型，这是非常困难的），结果都是由于识别变量较少带来的同样的效果。这些方案对实时数据变化（如用户是如何进入网页的，他们之前看过什么内容及他们搜索的目的是什么等）考虑较少或根本不考虑，或者说不关心之前的决策或行动的结果。最后但同样重要的是，这些方案根本不会去挖掘或者很少挖掘上下文数据（如用户浏览行为、用户之前看的什么内容及导致的动作等）。

这种在复杂环境中实时进行行动和反应的需求已经持续多年，大数据和联网设备的出现则加大了处理信息的复杂度，各种方案和组织机构（包括统计人员、决策分析人员等）已经被这种持续

如何才能更多地了解我的客户？

利用公开数据，例如：

* Cookies
* 设备ID(包含了很多设备信息)
* IP地址(广泛应用于全球本地化)
* 其他

互联网中超过**98%**的活动是匿名的

这些数据接下来可以和客户数据库交叉确认，这样会提高识别的精度

图 1　识别方案

的数据流压垮(因为互联网从不休眠)。利用企业中的历史分析工具和流程提出的解决方案非常少或者没有，因为这些方案开发起来太复杂，而且所需的资源也变得越来越少(在接下来的几年中，这可能会成为这个领域中的主要问题之一，也就是商业智能专家和统计学家的缺乏已经非常明显)。消费者的购买行为在不断变化(Uber 和 Airbnb 等合作平台已经"发明"了新的商业模型)，最终会产生新的风险(对那些无法适应这个永远变化的世界的人而言)和机遇(对那些能够挖掘"大数据"这个新的"黄金城"的人而言)。

要实现"大数据"自学习以及大规模、自动的挖掘，人工智能(AI)是最有前途的解决方案。更准确地说，在 20 世纪 80 年代随着神经网络的诞生而出现的"深度学习"现在已经成为新一代的重点解决方案，且伴随着数字化数据流的技术进步，AI 已经为这个领域开创了新的局面，且作为大数据的后续，也解决了很多问题，不至于将商业智能中的主要玩家带入歧途。

AI 有很多可能的应用领域,如机器人(联网的自动驾驶汽车),家居自动化(智能家居),健康(医疗诊断助理),安防,个人助理(将会变成人们日常生活中的重要工具),专家系统,图像、声音及面部识别(为何不分析情感),自然语言处理以及符合甚至超越我们期望的客户关系管理等。所有这些系统都将是自学习的,系统获取的知识只会随着时间增加,而且还能相互进行知识交换。

微软公司创始人比尔·盖茨(Bill Gates)、连续创业者埃隆·马斯克(Elon Musk)、苹果公司的联合创始人斯蒂夫·沃兹尼亚克(Steve Wozniak)或者科学家史蒂芬·霍金(Stephen Hawking)等则深信 AI 在我们的社会中会发生变化,人类在某一天可能会被机器控制(如同电影《黑客帝国》)。尽管这一话题涉及哲学或道德,提出的问题非常有意义,会是一场非常有趣且必要的辩论,但本书的目的不在此。从人类历史来看,在进化过程中总是伴随着技术的发展,无论是好是坏。因此本书聚焦于商业智能社会中 AI 的作用,以及 AI 如何替代(补充)商业智能。我们已经看到现在许多公司都已经开始采用围绕 AI 平台构建的解决方案,以及这些方案如何在"传统"商业智能和大数据商业智能之间架设桥梁。

AI 有两种形式:强 AI 和弱 AI。

强 AI 指的是能够产生智能行为的机器,且能够表达自我意识以及真正的情感。在这个世界中,机器可以理解它所做的事情及由此带来的后果。智能产生于基于学习和推断过程的大脑生物学原理(因此智能是物质的,且遵循某种"算法"逻辑)。要在将来某一天实现机器智能(或某种等效物质元素)、具有情感和某种意识的机器,科学家并不觉得理论上还有什么限制。读者可能已经知道这一话题,但它仍有不少争议。若今天仍没有和人类一样智能的计算机或机器人,则问题主要在于设计,而不是硬件。因此,我们可以认为功能限制是不存在的,为了确定一台机器是否具有强

AI功能,必须要通过图灵测试①。

弱 AI 则是一种自动、自学习的系统,其算法可以解决某个级别的问题。但在一定情况下,机器的表现就像有智慧一样,但其更多是基于学习(监督或无监督)的,是对人类智能的"模拟"。可以利用所期望学习类型的数据库,教机器识别声音和图像(例如在一组图像中找出一辆车),这是监督学习。机器可以自己找出所分析的元素直到命名元素。例如,机器识别汽车图像,机器会分析提供的图像,基于神经网络一点点地进行深度学习,并将汽车的概念和所分析的图像关联起来,当某个相关图像被标记为汽车后,它就会知道如何进行"描述",这是无监督学习。

Fernando Iafrate

2017 年 12 月

---

① 维基百科:为了说明图灵测试这种方法,图灵提出了一种受排队游戏启发的测试,也就是"模仿游戏"。在这个游戏中,一个男人(A 角色)和一个女人(B 角色)分别进入单独的房间,其他客人则试图以书写方式提出一系列问题并根据送回来的机打答案将他们区分开。在游戏中,这个男人和女人的目标都是让客人认为他们是对方。图灵描述了这个游戏的一个新版本:现在问一个问题"若在这个游戏中用机器替换 A 角色,结果会怎样?"询问者是否会和之前有一个男人和一个女人参与游戏时一样经常出错?这些问题引出了我们之前说的问题"机器能思考吗?"

引言——迎接人工智能与大数据时代

1. "完全"的数字化纪元已经到来,我们仍然可以逃避吗?

可以确定的是,经历了数字技术的爆发式增长,纵观整个历史,我们可能都无法找到类似的情况(其速度逐代增长)。它对我们社会的影响不亚于谷登堡(Gutenberg)在 1450 年发明的铅合金活字印刷术,其使得知识、文化及观点等被记录,若是没有印刷术我们会发展得如此快吗?我们只需回头看看,观察一下这个世界疯狂的数字化,以互联网作为媒介,现实和虚拟现实构建了一个或多或少有意识的"数字同化"模型。

大约在博客①、社交网络等出现前的 2000 年,互联网主要掌控在拥有内容的企业和股票所有者手中,互联网用户是以一种相当消极的方式消费这些内容,用户和互联网之间的交互非常少或者没有。

这种通信模型被称作 Web 1.0,而随着 21 世纪初期博客(网络日志,Web logs)的诞生发展到 Web 2.0。博客成为网络上一种新的表达和共享方式,其进步之处在于互联网以用户的贡献为主要特征。

---

① 博客用于周期性的文章发布,通常是关于某个给定话题或者职业的连续新闻报道。

　　"开源①"是这次"革命"的核心。开源这一概念是理查德·斯托曼②(Richard Stallman)于 1982 年提出的，用户可以免费使用某一软件，在修改后以免费或收费(任何企业或个人都有市场化的权利)的方式发布。

　　博客是 Web 2.0 最初的工具之一(可能是最重要的)，随后被其他工具跟进，例如用户可通过维基百科发布数字内容、分享照片和视频等，还有 Facebook、Twitter 等社交网络(见图 2)，所有这些已经确实且不可逆转地改变了我们和这个世界以及互联网的交流方式，这些变化也改变了行为(商品或服务消费)。因为互联网这个巨大的市场，所有东西都可以通过几次简单的点击就能访问，企业被迫在客户关系方法中考虑这些变化，例如客户更易反复、对品牌的忠诚度降低、更容易对比等，网络上的竞争非常激烈。客户关系也在快速变化，从市场角度来看客户不再属于某个企业，互联网用户打算花在企业上的时间通过不同的联系通道是可挖掘的。这个时间对企业而言非常宝贵，要优化客户关系，企业需要基于互联网用户而不是企业的时间帧来进行挖掘。

　　企业能够非常好地理解这句话，"谁能最快适应这种'生态系统'(实际上应该称作'虚拟空间')，谁的未来才会更加稳固(数字时代的达尔文主义，数字时代的适者生存)"。智能手机及平板电脑等其他设备的出现(iPhone 是 2007 年发布的，却存在很长时间，这已经证明它适合了这个时代)，使得人们可以在任何时间、任何地点访问互联网，这也就加速了数字化运动，且使得"数字同化"比以往更加普及。

---

　　① 开源，或者"开源代码"，指的是许可证满足开放源代码促进会(Open Source Initiative)设立的标准的软件。换句话说，用户可以免费重新发布、访问源代码及创作衍生作品，开源代码一般对公众开放，是程序员合作的结果。

　　② 维基百科：理查德·马修·斯托曼(Richard Matthew Stallman，生于 1953 年 3 月 16 日)，很多人都知道他名字的首字母 rms，他是一名美国软件自由活动家和程序员。他发起了开源运动，使得软件在发布时允许用户具有使用、学习、发布和修改的自由。

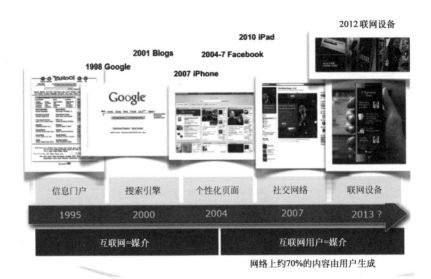

图 2　数字同化

　　要实现这里所说的进化,接下来相关的几步无疑是联网设备在健康、交通、家居自动化中提供的服务,以及通过文本、图像和声音等元数据实现旨在"丰富"我们实时视野的增强现实:现实和虚拟现实在某个点上最终合二为一的世界(一个虚拟空间)。我们的智能手机很有可能会进化为具有人工智能软件/算法的"智能助理"(这个趋势已经在进行),这个软件持续地对我们进行学习(我们的行为、动作、偏好、购物习惯以及社交网络等),并且通过预测(这个词已经不可阻挡,而且无疑将会非常有意义)帮助我们更好地管理我们的时间、活动等。同时,我们个人数据的安全会不断地强化,以免这些"大数据"落入其他人的掌握中。

2. 我们如何实现从数字"无意识"到数字"意识"的转变

　　数字无意识可以理解为"在数字世界中活动,我从不担心自己的数据被第三方挖掘"。之所以有这种情况,是因为在这个世界数字化之前（基本上是互联网出现之前），我们从没或者很少面临过这种问题，之前能看到我们个人（数字）数据的实际上只有管理员、机构（如银行或保险公司）或者那些我们同意（个人选择）进行商业挖掘的公司，所有这些都受到国家信息与自由委员会（CNIL①）的法律保护。简而言之，我们感到"安全"，而且 Web 1.0 基本上没有改变这种情况（我们在互联网上留下的数据和踪迹未被或未被过多挖掘，这是因为和预期的价值相比，挖掘数据的成本太高，而且技术方案也不够成熟），但这并不是结束！这个世界的数字化在 21 世纪初开始加速，社交网络的出现则使我们无法相信，我们还能拥有自己的数据且让别人无法使用（请注意你每天下载的应用条款，你可能会非常惊讶！），免费的服务供应商一般会收集你的个人数据（若你未对某个产品或服务付费，那么你最终会成为产品）。数字"无意识"的时代已经过去，我们知道自己的个人数据会受到各种各样的分析，而且和大数据相关的技术（主要是 Hadoop）使得对这些数据的分析成为可能。一些国家丑闻（如已经为扰乱"网络空间"付出了代价的棱镜计划②）则对此进行了确认。

数字意识的意思是，"我知道在这个数字世界中，自己的行为可能会被自己的数据分析出来"。这种意识不应转变为对互联网和 GAFA（Google、Amazon、Facebook 及 Apple，我们还可以加上 Microsoft）等大型玩家的不信任，但至少我们应了解互联网知道所有事实（"是值得冒险的游戏"），且理解我们已经成为关注的中心（当互联网"免费"时，我们需要理解的是用户就是"产品"）。真正的问题现在就成为：我们能逃脱吗？答案是可能逃脱不了！但个人数据存储和使用方面的立法于 2016 年 4 月已经提上日程，欧洲

---

① 国家信息与自由委员会（CNIL）的责任是，确保信息技术为公民服务且不会侵犯公民的身份、人权、隐私，或者个人及公共自由。

② 棱镜计划（PRISM）也被称作 US-984XN1，是美国的一项电子监控计划，从互联网和其他电子服务供应商处收集信息，是美国国家安全局（NSA）负责的机密项目，面向在美国以外居住的人。

已经投票①通过了通用数据保护条例②(GDPR),旨在给予公民对个人数据的控制权。

就即将实施的安全措施而言,企业可能会使用的方法有:

- 使用化名;
- 数据加密;
- 采取保证私密性的手段;
- 系统的完整性、可用性以及抗压能力;
- 在遇到技术或物理问题时,采取能够恢复个人数据可用性的手段;
- 对所采取的措施定期验证。

3. 在互联网中留下的踪迹(不管是否自愿)构成了我们的数字身份

数字身份应该被理解为一种在互联网上收集我们所有信息(数据)的虚拟身份(见图 3)。和现实世界中的身份一样,数字身份也在不断进化,表示我们个性的不同方面,以及我们如何被感知到。数字身份分为两种类型:

- 声明身份,这是我们(或是第三方)自愿填入的数据(社交网络以及博客等);
- 行为身份(下载、浏览及 cookies 等)。

每次新的连接、浏览或者上网时的其他行为,都会使我们的信息更加丰富,但我们不参与这个过程的监管,因此就存在一定的问题:我们实际上是将我们的身份管理"委托"给了第三方(例如搜索引擎)。

---

① http://ec.europa.eu/justice/data-protection/reform/files/regulation_oj_en.pdf

② 维基百科:通用数据保护条例(GDPR,欧盟规定 2016/679)是欧洲议会、欧盟理事会及欧盟委员会推出的一项条例,目的是加强对欧盟(EU)范围内所有人的数据保护,同时也强调了欧盟以外个人数据的输出。GDPR 的主要目的在于将个人数据的控制权还给公民和居民,以及通过统一欧盟内的规定以简化国际业务的监管环境。这个新提出的欧盟数据保护制度将欧盟数据保护法的范围扩展到处理欧盟居民数据的所有外国企业。

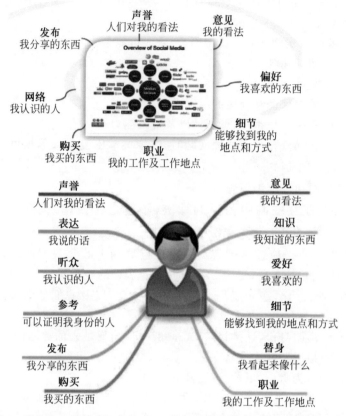

图 3　我们在互联网留下的踪迹（不管是否自愿）构成了我们的数字身份

　　这个身份最终会变成我们的虚拟名誉，为了确定某人的身份并获得第一印象，对姓名进行 Google 搜索这一数字身份手段已经被广泛使用（正如我们所知道的，"永远没有第二次机会，给人留下第一印象"）。只需几次点击，某个实体就可以利用这种方法查询某个人的概况（简历、职业网络以及我们对他们的看法等）以评估他们的在线影响力（出席论坛等），简而言之就是对这个人得到一个更为"准确"的看法。

4. 我们的世界继续数字化进程，联网设备是下一步（物联网）

尽管互联网无法超越虚拟世界的边界，然而物联网则通过信息交换及现实世界中的"传感器"数据，在现实和虚拟世界间架起了一座桥梁。物联网有望成为网络的下一次进化，其名为 Web 3.0[①]，是万物的联网，而 Web 2.0[②] 则更多是社交方式（博客以及社交网络等）。联网设备会增加交换数据及互联网中的数据量（有些研究表明 2020 年数据量会增加 40 倍，见图 4）。大数据和人工智能会"喂养"自己，且可为广泛的应用领域提供新的服务，例如家居自动化、健康以及交通等。

这个由我们留在互联网上的踪迹（不管是否自愿）组成的信息，是现在被称作"大数据[③]"的重要组成部分。这些踪迹提供了很

---

① 维基百科：物联网（IoT）是物理设备的网络，如在车辆等中嵌入电子器件、软件、传感器、执行器及网络连接，使它们可以收集并交换数据。物联网可以通过现有的网络架构，对物体进行远程感知和控制，为物理世界连接基于计算机的系统创造了机会，提高了效率、准确度；在减少了人为干预的同时，也提高了经济效益。物联网技术在传感器和执行器的帮助下得到了提升，而这项技术也成为虚拟-物理系统中更加普遍的一个实体，这个系统还包含了其他技术，例如智能电网、虚拟电厂、智能家居、智能交通以及智慧城市等。每个物体都有各自的嵌入式计算系统，并能在现有的互联网架构内进行交互。专家预计到 2020 年物联网中会存在大约 300 亿个节点。除了因特网联网自动化在新的应用领域的扩展，物联网预计还会从许多地方产生大量数据，因此也就带来了快速数据聚集、分类索引，以及高效处理的需要。

② 维基百科：Web 2.0 指的是强调用户生成的内容、实用性（易用，不是专家也可以使用）及交互能力（网络可以同其他产品、系统和设备配合）的万维网。Web 2.0 并不涉及任何技术规范的更新，只是改变了网络页面的设计和使用方式。在 Web 2.0 网站中，用户作为一个虚拟社区中的内容创造者，可以通过社交媒体相互交流以及合作，而对于第一代 Web 1.0，用户则仅能浏览内容。Web 2.0 特性的实例包括社交网络以及社交媒体网站（如 Facebook）、博客、维基百科、分众分类（网站和链接中的"标签"关键字）、视频分享网站（如 YouTube）、托管服务、网络应用（App）、协同消费平台和混搭应用。

③ 大数据的数据量巨大，格式多样且增长速度非常快，用传统的数据库管理或信息管理工具已经无法处理。

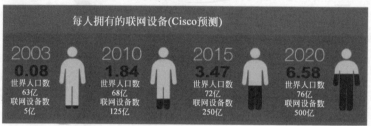

每人拥有的联网设备(Cisco预测)

2003	2010	2015	2020
0.08	**1.84**	**3.47**	**6.58**
世界人口数 63亿 联网设备数 5亿	世界人口数 68亿 联网设备数 125亿	世界人口数 72亿 联网设备数 250亿	世界人口数 76亿 联网设备数 500亿

图 4　2020 年每个人拥有的联网设备数量

多我们的信息(随着联网设备的出现会越来越多),成为或将要成为越来越精确分析的主题,而且成为或者将要成为一种新的数字智能的原材料(人工智能[①])。

　　本书的目标是,退后一小步考虑这个现象会如何改变我们的分析手段(主要是企业内"客户"知识方面),使其更加动态、更具反应能力,以及了解更"机器"而少"人性"的后果。这个趋势已经开始,在 21 世纪初,我们已经从客户关系管理[②](CRM)中脱离出来,不用通过网络通道和联系中心对客户进行 360°的审视。曾经有一

---

　　①　人工智能(AI)可被定义为,机器具有的一种能力,通常能够执行和人类智能相关的任务,例如理解、推断、对话、适应及学习等。

　　②　维基百科:客户关系管理(CRM)是一种管理企业同当前及潜在客户交互的手段,它对客户和企业交互的历史数据进行数据分析,改进企业同客户的商业关系,尤其关注客户关系的维持,并最终带来销售的增长。CRM 方法的一个重要方面在于,CRM编译的数据来自多个通信信道,其中包括企业网站、电话、电子邮件、实时对话、营销材料,以及近年出现的社交媒体。利用 CRM 及其系统,企业可以更好地了解他们的客户及如何满足客户的需求。不过,采用 CRM 会关注某个消费人群的偏好,而无法满足所有的客户,这也就不符合 CRM 的初衷了。

段时间,家庭是客户的参考点(主要通过邮政地址和家庭成员来识别,例如成人、儿童及长者等)。智能手机和社交网络等技术的进步,使得我们不再联系一个地址(家庭)而是一个人(处于运动中)。我们已经从一个360°的方法转为"37.2℃"的方法(人体的平均温度)。个性化已经出现,且带来了一个新的客户关系模型,其基于对所有形式的客户交互的捕捉和分析。客户体验管理[①](CXM)从许多方面都超越了客户关系管理(CRM),第4章将会详细介绍客户体验管理。

---

① 在20世纪90年代初,CRM关注如何捕捉、存储和处理客户数据,而现在的CXM则结合了所有流程和组织的方法,将客户期望置于企业关注的核心,提供个性化的服务,因此CXM需要涉及企业中的所有团队,而不仅仅是那些专门处理客户关系的部门。

目 录

CONTENTS

第 1 章

什么是智能

在开始讨论商业智能(BI)和人工智能(AI)之前,我们先来回顾一下"智能"的含义,这里不涉及哲学概念。

1.1　智能

从词源分析,intelligence(智能)一词源自拉丁语 intelligentia,意为"洞察力"或"理解能力",其从 intellĕgĕre(理解)演变而来,包括前缀 inter(在……之间)和动词 lĕgĕre(选择)。从词源来看,intelligence 包含了选择之意。

智能可以被定义为理解事物和事实的智力水平,并且可以通过发现它们之间的关系而得到一种合理的知识性解释(并非直觉),这也就使得对新场景的理解和适应成为了可能,因此智能也可被定义为适应能力(见图 1.1)。智能可被看作为了实现某个目标而对信息加以处理的能力。我们对下面的说法特别感兴趣:将智能投放到互联网数字世界中,而且信息以光速传输。数字世界一直在以事务、文本、图像及声音等方式持续生成信息(互联网从不休眠),这也是所说的"大数据①"。从古至今,人们一直在寻求"如何行动的方法",利用过去的经验,并依此对未来进行一些预测。企业面临的一个挑战在于如何对信息进行智能化处理,例如制订行动计划(知道如何行动),信息需要是智能的,方便扩散且容易理解,这也是 BI 的基本原则(详细信息参见 1.2 节)。

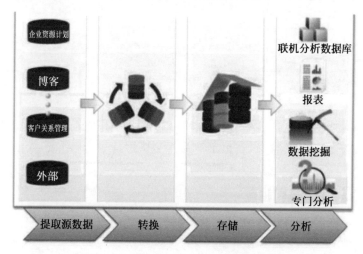

图 1.1　信息到知识的转换过程

1.2　商业智能

商业智能(BI)可被定义为一种数据处理方法,通过特定的计算机工具,如数据库及报表等进行数据管理、分析、处理等。其目

---

① 大数据覆盖范围非常广,很难利用传统的数据库管理工具进行处理。由于信息量剧增及多种数字信息呈现形式(图像、声音、事务及文本等),我们就需要利用新的方法观察并分析这个数字世界。大数据的特点是数据量巨大、数据种类繁多、速度快及价值巨大(对于知道如何挖掘的用户而言)。

标是帮助战略和运营决策人员在工作中做出合理的决策。一个重要的原则是：对于直接反映运营决策过程的指标，其设计实现应尽可能地与运营决策贴近。目的是在正确的时间(BI 的一个关键因素)做出正确的决策，以减小运行环境及其指标因子之间的误差。BI 需要适应新的环境，这也导致了 19 世纪中期一种名为运营 BI①的新架构出现。虽然 BI 之前更多地被称作面向分析人员和战略决策人员的决策工具，这些人员可能并不擅长，甚至与这个领域完全没有关联，但新的架构则主要关注该领域人员，或者说那些近乎实时掌控运行的运营人员。在技术层面，BI 包括从各种形式和内容都不相同的来源获取的数据，在整理、分类、格式化、存储和分析后从中获取一些评分及行为模式等知识。通过利用这些信息，企业内部的管理、决策和行动流程也得到了提升。商业智能需要数据管理平台(持续使用处理和发布数据的 IT 工具)以及可以将这些数据转换为信息和知识的组织(BI 竞争力中心)，这些商业智能竞争力中心(BICC②)可以生成分析报告以及商业行为报表，并告知战略和运营决策者。

由于实现这些解决方案和处理所需费用较高，因此主要是一些大企业知道如何进行数据处理并将其转换为知识，这些企业已经组建了自己的BICC，经常是大的垂直商业部门，如市场营销、财务、后勤及人力资源等，且配备了市场上的各种工具(BI 方案提供商数量众多)。但需要指出的是，每天越来越多的信息流对于许多

---

① 运营 BI 和商业智能有两点结构差异：(1)更新指标变量(和所控制的运行处理的时间帧相关)的速度；(2)所涉及数据(只有那些符合运营管理的数据)的粒度，简而言之就是获得更少但更高频的数据。

② 商业智能竞争力中心(BICC)是一个多功能的组织团体，具有特定的任务、角色、责任和流程，以提高组织内部对商业智能的使用。BICC 协调行动和资源，确保整个组织对基于事实证明的方法的系统利用。它负责分析程序和项目(解决方案和技术架构)的管理架构，还负责制订计划、优先级、基础架构，并保证组织可以利用 BI 和分析软件来制定具有前瞻性的战略决策。

企业而言是个很大的问题。根据 IDC 国际数据组织的资料,20 世纪 90 年代初,全球每秒产生的数据不超过 100GB①,而到了 2020 年则会超过 50 000GB。由于用于决策和最终实施的时间帧的单位是毫秒,许多公司在处理这种连续的信息流时会感觉越来越困难。运营 BI 部门所需的流程、工具和人员越来越稀缺,公司被迫根据分析和实时交互的能力做出选择。联网设备的出现则在加速这种"分析破裂②",因此 BI 必须得自我突破且找到处理这些数据的方法,而人工智能则可能会派上用场。

1.3　人工智能

人工智能(AI)具有很多定义,维基百科中也有,读者有时间时可以自行查看。本书只关注人工智能在决策和行动中的"学习"能力。本书下节将会讲到深度学习和机器学习作为现有 BI 工具和流程的补充,是如何在企业中变得越来越常见的。人工智能相对于 BI 的主要优势在于:对于一个非常复杂的场景,利用人工智能在几毫秒内就可以分析完毕并做出决断。人工智能最原始的数据来源于大数据,且可以在一毫秒内(有的时间更短)做出决断。人工智能另外一个优势是学习能力,即人工智能工具具有从经验中做出分析、决断和行动的学习能力,"选择无好坏,经验最关键"。"学习并记住(不管怎样实现)",这种能力也是人工智能接近人类智力水平的原因。随着经验的积累,人工智能的数字记忆也会更加丰富,而且会成为决断过程中的关键因素,假以时日则会构成企

---

① 1GB = 1 000 000 000 字节,1 字节=8 位,用于信息编码,位是数字系统中的最小单位,只有两个数值(0 或 1)。1 位二进制单元可以表示一个逻辑选择(假和真),或者二进制系统中的一个数字。

② 企业已经不堪"数据"重负,一般来说,实际用于企业分析和决策的数据不到 10%。

业积累的经验。

因此,我们参考了汤姆·米切尔(Tom Mitchell)在 1997 年对机器学习做出的定义:

一个程序被认为能从经验 E 中学习,解决任务 T,达到性能度量值 P,当且仅当有了经验 E 后,经过 P 评判,程序在处理 T 时的性能有所提升。

换句话说,决断和行动的自学习过程同一个或多个要达到的目标相关。决断/行动结果的衡量和目标相关,而且会被反向传入模型,以提高实现决断/行动目标的可能性(每次尝试都是新经验,且使得这个流程快速适应变化的场景)。

1.4　BI 发展史

与多数技术学科类似,BI 是随着技术的进步而不断发展起来的,近 20 年取得很大的进步,如图 1.2 所示。

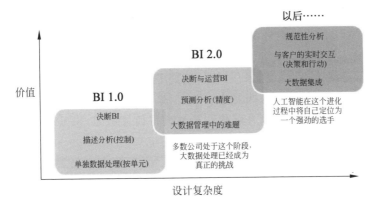

图 1.2　商业智能进化周期

1.4.1　BI 1.0

在 20 世纪 90 年代末期以及 21 世纪初期,企业围绕 BICC 进行了组建,并优化了报表流程。在这个阶段,BI 主要用于做决策[①],然后按市场、后勤以及财务等门类分类存放。运营人员可用的管理指标(实时更新,或者更准确的说法是,根据运行过程所需的时间分类)非常少,甚至没有。这个世界仍然是专家主导的,而 BI 在企业中的运用则遇到了一些困难(有技术和"政治"上的原因)。多数解决方案是面向主题的,但数据是按照行为的类型如市场数据、人力资源数据及财务数据等来组织和存储的,而且每个分类间很少有交叉的地方。分析方法也是描述性的,它会勾画一种场景(例如销售),这也是数据编译和分类后很自然的事情。数据可以被管理、监控及分类等,但对要发生的情况能提供的信息非常少。

1.4.2　BI 2.0

在 20 世纪中期,运营需求变得更加普遍,新的工具不断出现,帮助那些运营决策者们实时掌控并优化自己的运营过程。运营 BI 也随之诞生,此时信息的时效及其处理就变得非常关键。BI 平台中的预测功能变得越来越丰富,而且随着通信技术(平板电脑、智能手机)的发展,人们可以随时随地进行信息访问,BI 也就越来越普遍。这些发展及使用互联网人数的增加,使得要处理的数据量和格式量倍增,因此也就有了大数据。大多数企业仍然处于这个

---

① 决断商业智能(BI 1.0 时期)主要关注可能会非常烦琐的大型数据处理,要处理的数量和这些数据的分析处理比时效(指标更新频率等)更加重要。由于数据缺少实时性(行为监控指标每天早晨才会更新一次,可以进行运营优化的空间非常小或者没有),决断 BI 的"消费者"主要是分析人员和/或经理,运营人员(至少不是过程的"实时"监控和优化)则非常少。

阶段,而且大数据的管理对于这些企业而言仍然是一个不小的挑战。由于互联网中产生的数据(图像、视频、博客及日志等)结构非常混乱,而且数据量和产生的速度也带来了更多的困难,因此 BI 方案的适用性不是很好。大数据一般由以下 4 个特点定义(4 个 V):

(1) 数据量巨大(Volume):互联网不间断地生成各种类型的数据,而且其数量呈指数级增长(物联网使得其增长速度更快),利用现有的 BI 方案处理数据是不现实的,新的解决方案正在不断涌现(如用于处理海量数据的 Hadoop[①])。

(2) 速度快(Velocity):互联网从不休眠,数据源源不断地产生,因此要想提取出尽可能多的信息,就需要以近乎实时的方式对数据进行处理。

(3) 种类繁多(Variety):大数据中的信息有结构化和非结构化之分(文本、传感器产生的数据、声音、视频、路由数据、日志文件等),这些数据的综合分析会产生新的知识。

(4) 价值巨大(Value):大数据是所有企业都想挖掘的新"金矿",而且如今整个世界数字化程度的疯狂增长,也使得这些数据的价值日益提高。

Hadoop 平台由谷歌在 2004 年发布,用于处理海量的数据(互

---

① 维基百科:Apache Hadoop 是一种开源软件框架,通过 MapReduce 编程模型,用于大数据数据集的分布式存储和处理,由基于商用硬件建立的计算机簇组成。Hadoop 中的所有模块在设计时都基于一个假设,也就是硬件错误是经常发生的,应该由框架自动处理。

Apache Hadoop 的内核由两部分组成,名为 Hadoop 的分布式文件系统(HDFS)以及基于 MapReduce 编程模型的处理部分。Hadoop 将文件分为大的块,且将它们分布到簇的节点,然后将打包的代码送到节点中,以并行处理数据。这种手段利用了数据局部性的优势,节点可以操作它们能够访问的数据,和传统的依赖并行文件系统且计算和数据都经由高速网络进行分配的超级计算机架构相比,这种方法处理数据更快且更具效率。

联网每天通过搜索引擎的请求在数十亿的级别)。Hadoop 平台的想法来源于大型科学计算所用的并行处理方法,基本原则是在数百台甚至数千台分布式服务器(Hadoop 分布式文件系统)中并行处理数据(MapReduce)。Apache(开源)采用了这个理念,才有了今天的发展。MapReduce 是在大量服务器中进行分布式数据处理的算法,"Map"过程确保了并行处理,"Reduce"过程实现了结果的合并,然后进行分析(智能数据),为人为或自动决策过程提供更多的依据。Hadoop MapReduce 的流程如图 1.3 所示。

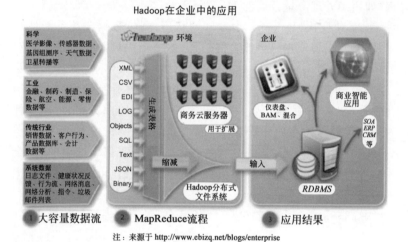

注:来源于 http://www.ebizq.net/blogs/enterprise

图 1.3　Hadoop MapReduce 流程

1.4.3　再说一点

历史仍在继续,但人工智能已经证明了自身的价值,大数据和人工智能平台(特别是机器学习)的结合已经有了雏形。市面上可以找到许多解决方案,而且企业对这方面的兴趣越来越大,尤其是如何提高用户体验(CXM)。在接下来的章节中,我们将会讨论这

些方案的工作机制以及如何对现有的 BI 机制形成挑战。新的 BI
方案将会而且必须结合规范分析的观点,它已经超越了预测功能
(预测会发生什么及何时发生),而且基于决策和行为的场景,机会
得到了提升,风险却可以降低或消除,我们也会理解为什么会发生
及如何发生。描述性分析只能基于描述变量做出解释,在基于所
谓的描述变量(描述了我们试图解释的情况)的编译和分类后对场
景进行勾画,例如定义客户细分、消费行为及对某个产品的需求
等。无论是销售、市场、财务还是人力资源,现有的 BI 方案用得最
多的数据分析方法可能就是描述分析,它基于对历史数据的分析,
回答了"发生了什么""什么时间""为什么"等问题。

第 2 章

数 字 学 习

本章将会讨论和人工智能相关的两个主要概念:"深度学习"或无监督深度学习(系统自主地发现)及"机器学习",后者和监督学习类似(系统学着去发现)。

2.1 什么是学习

学习可以是训练或者说明,也可以是从自己或其他人的经验中学习并执行动作的反复过程。学习的目标是改进行为的效果(或是结果,可以是手动或者自动),因此如何进行适应就是比较重要的问题了(适应自然、商业或者社会环境等)。自然适应性是"生命"的重要特征,这是达尔文主义的观点,而且是基于无学习的自然选择,其中随机因素占主要地位。对社会和商业环境的适应不是机会的问题,这一想法是基于通过学习个人经验或者通过知识传播可以获得信息这一前提而提出的。

这种方法对于人的成长是非常关键的,因为人在生命周期的开始学习基本技能,例如识别某种声音或熟悉的脸、学习理解语言的含义、走路和说话等。这样一来,知识就可以代代相传,而且每一代也能加入自己的经验体会。由于目前所居住的世界的复杂性,我们不得不找到一种知识传播的方法(现在培养一个工程师需要 20 年的时间)。在我们的信息和通信(音视频媒体、互联网)社会中,学习可能等同于被告知,但这种方法是不完善的,信息当然是学习周期中的一个重要组成部分,但告知和训练还是不一样的。为了实现真正的学习,学习者(对于人工智能而言就是算法)必须能够根据自己的目标,从多个方案中选择一个进行学习(下几节将会进一步讨论这个问题),其最终会转变为经验(根据目标的不同会更好或更坏),并逐渐构成学习的初级层次。我们将人工智能方案中这一层次的学习称为"自学习"。

2.2　数字学习

数字学习的概念并不新鲜,解决方案在很久之前就可以描述过去的情况了,不过一般需要比较复杂的统计处理过程(例如历史回溯)。我们希望能在历史数据(过去的记录)中,找到可以代表所构建场景的元素(例如年龄、国籍、社会经济状况、消费记录等)。例如,我们可以利用这些元素解释某个顾客的购买行为、某个产品或服务的销售率及企业的财务状况等。这些模型可以作为企业的数字存储器,并在预测分析处理(预测未来的能力)中成为其中的一个输入(并非唯一,但是一个结构化输入)。这些分析需要不断调整(考虑到概率的演化与未来的预测相关,24 小时的天气预报通常要比 15 天的可靠),这样公司的管理也可以适应当前的情况。只要模型元素表现得相对稳定(大多可在几个月到一年的时间段内重现),基于这种模型的预测也会相对稳定(对模型数据相关的概率取模),模型的"静态"部分就成为阿克琉斯之踵(说明变量定义在模型的入口处,预测困难)。模型的惯性也可以加入,但这样预测在适应变化时会比较困难(购买行为、客户的反复及各种危机等),而且惯性会对商业活动产生影响。

模型有时无法适用(取决于模型是怎么实现的),这样也就促使新模型的出现,将这些变化考虑进去。综合所有情况,我们会得到一个冗长且复杂的统计数据处理任务,但间接结果是"推向市场的时间(实现时间)"巨大。由于我们所在的世界的时间和机会紧密相关,我们可以设想出很多种这种方法没有效果的情形。但不管怎么说,这种方法是许多预测和优化方案的基础。

2.3　互联网改变了玩法

随着互联网的出现,很多事情都变得复杂起来,而且随后的电子商务(始于 20 世纪 90 年代)的蓬勃发展则使得全球的数字化程度剧增,越来越多的人和互联网联系在一起,手机和平板电脑则使得这样的连接更加紧密,几乎不受时间和空间的限制,服务和内容已经可以适用于新的应用。对于企业而言,客户体验变得尤为关键,它可以帮助企业获得更大的市场份额(对于知道如何持续改进的企业而言),使企业无论处在何种环境中,都能在恰当的时机以合适的价格推出正确的产品。而这些都处于这个数字化的世界中,而且各种行为都存在很大的变数。

企业正在面临这些挑战,而且情况变得愈发糟糕。决策应该尽可能接近设计实现,基于这一准则,企业需要综合考虑决策系统(客户知识数据库)和业务系统(电子商务网站以及呼叫中心等)。由于推荐引擎(规则管理)的存在,这成为可能。其功能主要涉及给客户关联产品/服务/内容等,例如在与购物车中产品相关或者类型相似的客户(根据客户购买历史)选择的产品的基础上,推荐一定数量的其他产品(增销)。这些推荐引擎主要是通过决策系统实现的(如上所述),其主要"缺点"在于,由于在实时分析过程中的输入端,模型取决于同样的说明变量(用于构建模型的那些变量),因此需要预先定义所期望的结果。最终,在没有或者很少考虑网络用户的动态背景的情况下(用户如何找到的网站、他之前看过什么及之前是否访问过这个网站),会得到同样的分析结果(例如客户评分)。系统对行为的变化缺少反应,若模型恰好不再适用(无法反映实际情况),就需要重新计算。为了避免这种情况的出现,企业需要建立对目标而言不太精确(适用范围较广)的模型,尽管其个性化的东西很少甚至没有,但这样也具备了某种稳健性(每个目标都被当成一个个体,而且不必是某个大型个体的一部分)。

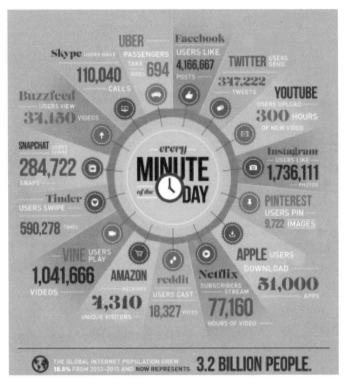

图 2.1 互联网每分钟的信息量

注:数据来源于 http://bgr.com/2016/02/03/internet-activity-one-minute/

图 2.1 展示了互联网每分钟产生的信息量：

- 发布了 347 222 篇推特；
- 从苹果应用商店下载了 51 000 个应用；
- YouTube 发布了 300 小时的视频；
- 4 166 667 个 Facebook 用户按下"喜欢"按钮；
- 694 个人预订了 Uber 打车；
- 通过 Skype 拨打了 110 040 个电话；
- 观看了 34 150 个 BuzzFeed 视频；
- 在 SnapChat 中进行了 284 722 次分享；
- 通过 Vine 播放了 1 041 666 个视频，而这个软件在 2013 年根本不存在；
- Instagram 中的 17 336 111 张照片被标记为"喜欢"；
- 还有很多其他的活动……

2.4　大数据和物联网将会重新进行洗牌

若不是大数据及物联网（联网设备的说法更加常见，有些研究预测到 2020 年会有超过 200 亿，有些说法是 500 亿的联网设备）的出现，很多事物不会有什么变化（许多暂时还是处于这个阶段）。这意味着什么呢？在 IoT 中，物理设备和软件间通过一个识别系统进行通信，而联网设备也越来越多地出现在我们的日常生活中（手表、标尺及调温器等），而这也仅仅是个开始，很快，我们还会拥有联网的自动驾驶汽车。谁也不知道未来会出现什么，不过有一点是确定的，世界的连接会越来越紧密。Web 2.0 已经开启了这项运动，创造了新的需求并产生了新的机遇。以当前社会的认知来看，没有人会否认社交网络对社会、政治和经济等方面的影响，谁掌握了这些通信方式及所关联的数据，谁就会有凌驾于其他人的优势。

设想一下,在不远的将来,我们的日常用品大都是"智能"且联网的,一个企业家的一天将会是什么样的。清晨,我从计算了理想睡眠时间的"智能床"中醒来,并且这张床通知了"智能媒体集线器"(Hi-Fi、视频及互联网),该集线器打开了我最喜欢的网络电台,以及控制浴室和淋浴加温的中央控制器。在此之后,我戴上了"智能眼镜",这样我就和世界连接起来了。在吃早餐(根据智能眼镜中虚拟运动教练的建议)时,我大概了解了睡觉时世界上发生了什么(简单的眼部运动就可以让内容翻页),并同时看了一下今天的日程。"智能冰箱"会问我是否需要预定某种商品,并对相关产品和当前的促销商品做出建议,需要的话我会眨一下眼睛。之后,真正的一天就开始了。我进入了智能汽车(使用可再生能源),并确认自动驾驶将我带到第一个会议地点,同时,我接入了团队视频会议,并最终确定第一个会议的内容。在到达目的地后,智能汽车自己停在了充电区域(感应充电),智能眼镜则为我指引会议路线(使用增强现实),并通知与会人员我即将到达。整个早晨,利用不同模型的 3D 投影,我们围绕一个城市化的文件进行讨论(我是一个建筑师),而文件则通过"云"进行交换,甚至我的计算机也起不到多大作用——所有动作都是通过"智能眼镜"和/或"智能桌面"(起到人机接口的作用)实现的。同时,虚拟助理会提醒我未来两天的安排,并且需要我在"智能桌面"上以手势进行确认(通过智能眼镜也可以实现)。会议结束后,我通过视频电话和一个社交网络上的朋友确认一起吃午餐,我提议了一个餐馆,并在讨论时选择了要吃的食物,在确认预定后餐馆坐标被发送给了智能汽车。智能汽车将我带到了餐馆,此时桌子已经准备好了,在我到达十几分钟后,第一道菜就被端上了餐桌。下午则是同合作方(分布在各大洲)一起讨论一个联合项目(处于联网模式),并在确定城市化文件中的某个原型后用 3D 打印机生成,以便第二天进行展示。一天的工作结束了,我翻看了一些今天还没有读过的消息,其中有一条是邀请我晚上去打一小时的网球(当地运动俱乐部的邀请,对手素未谋面但水平差不多),我接受了。然后我从家赶往了网球俱乐部,智能汽车选择了一条最佳路线,同时,一架无人机将我前一天预定的网球拍送了过来。夜幕降临后,我赶回家和家人一起吃了晚餐(现在的时间是晚上 8:30),之后观看了一项体育赛事(和一些网上的朋友一起,每个人都可以通过智能眼镜、以记录赛事的 50 个摄像机中任何一个角度来观看和重温比赛)。现在时间到了晚上 11 点,智能床给我发了一条消息,建议我睡 6 小时的觉(考虑到第二天的日程安排)。我决定采纳这个建议,并在和虚拟世界断开后进入了梦乡。

　　为了实现这个未来(可能非常近),联网设备需要具备完全的自动化,而且这种自动化还有一个名字:人工智能。这些新的算法使得联网设备具有解决问题或执行任务的能力,而且这些新技术也将知识和客户服务提升到了一个新高度(不管是否自愿,我们在网上留下的痕迹包含了很多自己的信息)。我们可以更好地了解客户,也可以说强化了对客户的了解(每次新访问都会增加信息)。人工智能还可以实现新的健康服务(联网病人)及交通(联网和自动驾驶汽车)、家居自动化(智能家居)等。为了利用这笔巨大的财富,需要有能力处理这些海量信息(大数据),以提取出有用的信息,而且这一切都要实时完成(这就是人工智能大展身手的场合)。我们将从一个数字化的世界转移到联网的世界,那些围绕我们周围及我们所穿、所用的东西都会联网且每天 24 小时生成信息(见图 2.2)。如今,企业都对 IoT 非常重视,且将其纳入提高用户体验的策略中。

500亿
2020年的联网设备

76.8%
互联网使用者中听说
过联网设备的比例

4亿欧元
2015年的销售总额

14%
18~24岁人群中拥有一个智
能手表、数字训练设备、
智能秤等设备的比例

1100万
2017年拥有一个联网设备
的法国人

6%
法国人中拥有智能秤的比例

图2.2　联网设备相关的几个关键数据

注：数据来自 Cisco、Atelier BNP Paribas、GFK Institute、Gartner 和 Idate 等公司

2.5　基于大数据的人工智能是数字学习的关键

目前，只有那些经过精心设计的算法才能实时处理大数据，而近年来，由于要处理的原材料变成了大数据，因此随着数据量的日益增多（互联网这个数据源看来是永不会枯竭的），学习越来越快的人工智能重新兴起。大数据处理方案能汇集、总结以及分析各个数据源产生的大量数据，而人工智能则会从中提取出所有有用的价值。除了应用于大数据以外，人工智能也可以提取出含义，且通过持续的学习确定更优的结果，以便做出实时决断。

大数据和人工智能技术的结合伴随着全球的数字化转变，而且必定会成为改变企业及其战略的一个机会。人工智能看起来就像一个天赋十足的"小学生"，但我们如何让计算机程序从它的经验中学习？换句话说，我们要问的是：若没有编程人员的干预，仅仅对指定目标相关的每次任务结果做出评估，程序可以修正自己的操作吗？就像一个孩子一样,计算机程序能够从自己所处的环境中学习吗？尽管道路还很漫长,特别是在一些大公司对该领域的巨大投资的推动下,机器学习(监督或无监督)近年来已经取得了巨大的进步(见图2.3)。最负盛名的一个公开技术成果无疑就是谷歌大脑,其在2012年利用一台机器分析了网上数以百万计的图片(无标记)以确定对话的含义。

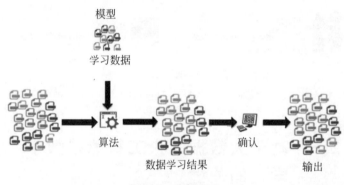

图 2.3　监督学习

2.6　监督学习

监督学习是最常见的机器学习技术(见图2.4),其目的在于使机器具有识别某个包含在一段数据流(图像、声音等)中的事物的能力。这项技术意味着我们对预期结果要有个概念,例如从一幅图中找出一辆车。为使程序学习识别某个物体、一张脸、一种声音或者其他东西,我们必须要提交数以万计甚至数百万有此类标记的图片。这种训练需要数日的处理,而且分析人员要监督并确认何时进行学习,甚至需要修正错误(程序无法进行这种处理)。在这种训练阶段,将新的图像(未在学习阶段用过)提交给程序,以评估机器学习的等级(换句话说,在新的图像中找到学习的那一部分）。这项技术相对较老,但对于近来的技术提高而言迈出了一大步。目前可用的数据量以及工程师掌握的计算能力,也大大提高了算法的效率。新一代的监督学习已经进入到我们的日常生活中:机器翻译工具就是一个绝佳的例子。通过分析大量结合了文字及其翻译的数据库,程序会找出统计规律,并基于该规律对每个词语、短语甚至是句子做出最恰当的翻译。

监督学习分为以下 4 个阶段:

（1）首先要对结果应该是什么样的有个概念;

（2）教会机器识别具有某些标记数据的图像（学习作为模型使用的数据）;

（3）原始数据（待分类）被加入机器中;

（4）我们确认结果,然后生成输出。

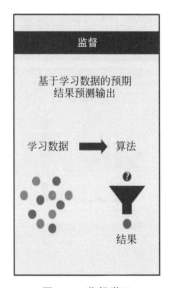

图 2.4 监督学习

2.7　强化监督学习

监督学习的强化基于学习输入(手头用于任务的模型)和输出(期望的结果)之间相关性的"奖励"模式。"奖励"实际上是对错误的估计(失败和成功的比值),它将会被代入(以权重或概率的形式)任务中用到的每个模型。通过这个过程,系统就会知道它所提供的输出是否正确,但并不知道正确的答案。

结果和要达到的目标相关,强化监督学习(见图2.5)需要为结果的衡量设置一个规则,其会被代入模型中,并且可以提高某个特定模型对任务贡献的概率。

图 2.5　强化监督学习

我们来思考一个现实中的例子:电商网站中的网购,目标是使客户下单。我们看一下客户的概况,例如客户是已经注册还是匿名浏览(此时要实现"定向"的信息就比较少了)。

(1) 客户概况由年龄、性别、居住地、家庭成员及社会经济水平等变量构成(变量有数百个)。

（2）这些变量以二进制的形式出现,共同构成了客户概况。

例如,年龄图包括所有客户按照年龄的分布(在这个例子中,客户的年龄为32岁,其对应年龄图中的第4个入口,也就是30～33岁)。

二进制: 年龄	1	2	3	4	5	6	7	8	9	10	11	12
				x								

20　25　30　33　37　42　46　50　54　59　65(年龄)

（3）每条客户信息都可以在对应的二进制年龄图中找到其输入。

例如,假定变量2表示家庭成员的数量(在这个例子中,2表示单身),我们将这一原则应用到该客户概况的其他变量上(这些元素由分析员在建立系统时根据统计数据定义)。

	年龄	变量2	变量3	变量4	变量5	变量6	变量7	变量8	变量9	变量10…
二进制	4	6	4	11	9	4	8	2	2	6

（4）然后我们以这些元素为索引,建立一个表格,其中包括该客户信息每个变量的权重概率比。

	年龄	变量2	变量3	变量4	变量5	变量6	变量7	变量8	变量9	变量10…
二进制	4	6	4	11	9	4	8	2	2	6

	年龄	变量2	变量3	变量4	变量5	变量6	变量7	变量8	变量9	变量10
二进制1	-0.018	0.035	0.012	-0.003	0.043	0.044	0.007	-0.017	-0.026	0.010
二进制2	0.931	-0.012	-0.035	-0.002	-0.035	0.029	0.022	-0.014	0.035	-0.011
二进制3	0.193	0.009	-0.012	0.037	-0.025	0.044	-0.041	-0.003	0.000	-0.030
二进制4	0.116	-0.029	0.034	-0.018	0.026	-0.016	0.050	-0.036	0.033	-0.048
二进制5	0.940	-0.015	0.007	-0.032	0.020	0.017	-0.031	0.026	-0.043	0.043
二进制6	0.234	0.029	0.024	0.011	-0.046	0.013	0.044	0.019	-0.023	-0.010
二进制7	0.770	0.029	-0.049	-0.035	0.049	0.032	-0.010	-0.008	-0.025	0.004
二进制8	0.480	0.023	0.000	0.047	-0.012	0.021	0.027	-0.038	0.033	-0.026
二进制9	0.989	0.005	-0.036	0.018	0.013	0.004	-0.041	-0.021	0.023	0.022
二进制10	0.448	-0.036	-0.035	0.036	-0.028	-0.050	-0.014	0.043	0.045	0.030
二进制11	0.425	-0.031	0.027	0.002	-0.018	-0.014	0.050	0.024	-0.019	-0.027
二进制12	0.653	-0.023	0.038	-0.039	0.047	0.021	-0.028	0.037	-0.002	0.016

接下来我们可以将概率相加：0.116＋0.029＋0.034＋0.002＋0.013＋0.016＋0.014＋0.035＋0.010＝0.217，结果表示该任务可以达成目标(提醒一下，这里的目标是下订单)的概率为21.7％。

(5) 评估动作的结果("奖励")。

- 下订单的概率为0.217；

- 下订单：1；

- 错误估计：1－0.217＝0.783(此时的预测太低，仅为78％)；

- 我们利用这个数值作为权重，基于这个比重因子在模型中的全局比重，在这个例子中乘以0.01。简而言之，动作越多(例如电商网站每天的访问量)，比重越小，因此就得到了0.783×0.01＝0.00783；

- 然后我们将这个数值0.00783("奖励")加到每个相关的二进制年龄图中。下面的灰框给出了年龄变量的二进制年龄图：0.116＋0.00783＝0.123，这样就可以得到对模型快速排序的效果了(变化相当快！)。

二进制	年龄	变量2	变量3	变量4	变量5	变量6	变量7	变量8	变量9	变量10…
	4	6	4	11	9	4	8	2	2	6

	年龄	变量2	变量3	变量4	变量5	变量6	变量7	变量8	变量9	变量10
二进制1	-0.018	0.035	0.012	-0.003	0.043	0.044	0.007	-0.017	-0.026	0.010
二进制2	0.931	-0.012	-0.035	-0.002	-0.035	0.029	0.022	-0.014	0.035	-0.011
二进制3	0.793	0.009	-0.012	0.037	-0.025	0.044	-0.041	-0.003	0.000	-0.030
二进制4	0.116	-0.029	0.034	-0.018	0.026	-0.016	0.050	-0.036	0.033	-0.043
二进制5	0.940	-0.015	0.007	-0.032	0.020	0.017	-0.031	0.026	-0.043	0.043
二进制6	0.234	0.029	0.024	0.011	-0.046	0.013	0.044	0.019	-0.023	-0.010
二进制7	0.770	0.029	-0.049	-0.035	-0.049	0.032	-0.010	-0.008	-0.025	0.048
二进制8	0.480	0.023	0.000	0.047	-0.012	0.021	0.027	-0.038	0.033	-0.026
二进制9	0.989	0.005	-0.036	0.018	0.013	0.004	-0.041	-0.021	0.023	0.022
二进制10	0.448	-0.036	-0.035	0.036	-0.028	-0.050	-0.014	0.043	0.045	0.030
二进制11	0.425	-0.031	0.027	0.002	-0.018	-0.014	0.050	0.024	-0.019	-0.027
二进制12	0.653	-0.023	0.038	-0.039	0.047	0.021	-0.028	0.037	-0.002	0.016

2.8 无监督学习

无监督学习代表了人工智能的未来,这也是我们在自然界中发现的学习类型。知识和经验的结合得到了新的知识,这些经验推动了我们的学习。而无监督学习使人类和动物理解了如何在自己的环境中进化,如何适应并最终生存下来。和监督学习不同,无监督学习算法不需要处理数据的任何信息,我们也可以将其称为"不可知"或者"无师自通"(见图2.6)。它将类似信息汇集整理,在对信息一无所知或所知很少的情况下(和已知预期结果的监督学习相反),这也是一种非常有效的手段,它可以揭露一些我们无法自然而然地想到的信息(利用数据的"隐藏"部分)。

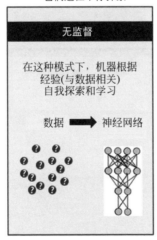

图 2.6 无监督学习

这种无监督学习方式可被称作"无师自通",机器通过一种名为"聚类"的方法自己学习(将相同元素组合起来)。

神经网络具有多层连续结构(见图2.7),可以逐步对物体、面部及动物等进行识别(层数和复杂程度相关)。

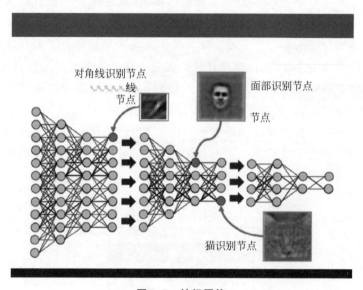

图 2.7　神经网络

第 3 章

算法的统治

一种新形式的智能正出现在我们面前,但它并非来自生物,而是由人类以算法的形式创造的,并且可以解决问题和执行任务。这种智能和我们自己的不同:它通过大数据感受这个世界,且具有自己的逻辑,它似乎来自别处,而这个别处正是 IBM、Google、Microsoft、Facebook 及 Uber 等公司的主要开发中心。往往一周时间还没过去,这个领域又宣布了一些新的发现。我们了解到人工智能(AI)已经在多个领域中超过了我们的智力,例如策略游戏(2017 年,AlphaGo 打败了排名世界第一的围棋手柯洁)、面部识别、各种诊断(医疗等)及自动驾驶等(2016 年,Uber 推出了自动驾驶汽车服务),好像没有哪个领域能够幸免。这些算法基于模仿神经元功能的神经网络,能够和人类一样自己学习并最终发现周围的世界。这种智能形式是纯粹原生的,并不是从什么中得到的(没有进行文化或社会的预编码),其不仅仅是一个技术进化,而是一个我们还不能估计其对我们数字社会影响的革命。

3.1　什么是算法

"算法"一词源自 9 世纪伟大的波斯数学家阿尔·花剌子模(Al Khwarizmi,拉丁语为 Algoritmi)和他的一本名为 *The*

Compendious Book on Calculation by Completion and Balancing 的著作中的 algebra 一词，正是他在西方传播了十进制数（引进自印度）。根据牛津大学的计算机科学家约翰·麦考密克（John MacCormick）及"九个改变未来的算法"的作者的说法，算法不过是"指出解决某个问题所需顺序步骤的精确说明"（最简单的例子就是烹饪菜谱），这也带来了可以分类、选择、加入、预测等计算机算法的问题。这些算法只是一组指令，以若干行代码（程序）的形式出现，利用数据（甚至是大数据）作为其"菜谱"的原料。这些算法的背后是负责对它们进行编程的许多工程师、计算机科学家以及数学家（从目前来看，算法首先反映的是某个人的想法）。这些算法之所以具有很高的效率，是因为它们所处理的数据或所记住的结果（和要实现的目标相关联）在自主学习过程后产生了一种新的智能形式，我们称之为"人工智能（AI）"，因此也可以说这种形式的智能主要由数据推动。

3.2　AI 简史

这是一个情节曲折的故事，且总是处于给人希望和令人失望的边缘，其整体受到技术的毛细管作用的影响：计算机的计算能力以及数据（大数据）的有效性。但还要解决的一个问题是从 21 世纪开始我们世界的"数字化"已经呈指数级增长，且已经为 AI 打开了一片新天地：交通（自动驾驶和联网汽车）、智能家居（房联网）、健康（病人联网）及客户体验（定制化）是这一主题比较靠前的几个领域。

3.2.1　20 世纪 40 年代到 50 年代

这段时期被认为是 AI 的起始阶段，伴随着第一个神经网络的创建。两个神经学家沃伦·麦卡洛克（Warren McCulloch）和沃尔特·皮茨(Walter Pitts)在 1943 年的研究("A Logical Calculus of the Ideas Immanent in Nervous Activity")中引入了第一个生物神经元的数学模型,人工神经元(见图 3.1)。这实际上是一个二进制的神经元,输出只能是 0 和 1。为了计算输出结果,神经元计算了其输入(和其他人工神经元的输入类似,也是 0 或 1)的加权和,然后使用了一个阈值激励函数:若加权和超过某一数值,则神经元的输出为 1,反之为 0。

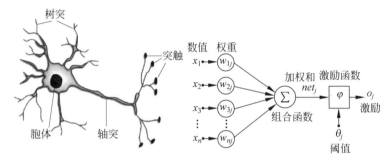

人工神经元是生物神经元的数学模型

图 3.1　人工神经元及生物神经元模型

　　人工神经元通常具有几个输入和一个输出,分别对应生物神经元的树突和突触锥(轴突的起点)。突触的兴奋和抑制由每个相关输入的权重系数表示,根据每次神经元活动所取得的结果,这些对应每个输入的权重系数会得到更新(增加表示兴奋,减小表示抑制)。最终,这也形成了一种类型的学习。

　　1956 年,AI 这个说法最终在计算机科学家领导召开的达特矛斯会议上被接受,本次会议主要关注智能及"智能"机器的概念:

- 如何通过正式的规则模拟人类的想法和语言?
- 如何让神经网络思考?
- 如何使一台机器具有自动学习功能?
- 如何使一台机器具有创造能力?

3.2.2　20世纪60年代初期

这段时期 AI 经历了蓬勃发展,不少新观点不断涌现,而且开发了大量的程序以解决各种各样的问题,例如:

- 证明数学定律;
- 下棋;
- 解谜;
- 开始尝试机器翻译;
- 以及其他很多很多……

3.2.3　20世纪70年代

回到现实后,我们开始感到失望,由于当时的计算机计算能力有限,现有的 AI 程序运行起来非常慢,从而缺乏有说服力的结果(考虑到 10 年前定下的目标),而且实现起来也非常困难。另外,在"*Perceptions*"(1969 年)一书中,明斯基(Minsky)和帕珀特(Papert)表示当时的神经网络无法处理一些非常简单的功能(例如区分两个二进制数),这也导致了 AI 的这一分支进入了"危机",而且整个自动学习领域也受到了质疑。

3.2.4　20世纪80年代

随着专家系统的出现,质疑逐渐退去,AI 也重新吸引了人类的目光。专家系统是利用知识和推理过程来解决问题的智能计算机程序,而这些问题对人类而言解决起来是非常困难的,需要具有深厚的专业素养,例如:

利用 450 条规则,MYCIN(分析血液感染的专家系统)对感染的分析结果能够接近人类专家的水平。

计算机生产商 DEC(Digital Equipment Corporation)建立了一套用来帮助设定他们的计算机的专家系统(节省了数百万美元)。

3.2.5 20 世纪 90 年代

利用"反向传播"学习规则(期望输出和实际输出间存在误差,利用 W(权重)在逐个神经元中的应用,从输出到输入进行反向传播)的"重新发现"(初次发现在 20 世纪 60 年代末,但那时成果甚微),围绕神经网络进行了很多工作(见图 3.2)。

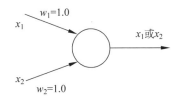

图 3.2　x_1 和 x_2 为输入数据,w_1 和 w_2 为相关权重,表示这些输入所占的比重,使输出结果可以选择 x_1 或 x_2。W(权重)显然是决断的决定性因素,将其用在反向传播中,系统也就具有了自学习的功能

3.2.6 21 世纪初

AI 为越来越多的人所接受,而且基于以下两个重要发展"渗透"到了企业中(最大的几个企业为 Google、Amazon 及 Netflix 等)。

(1) 图形处理器(GPU)的使用代替了计算机中常见的中央处理器。

GPU 最初是为矩阵图像处理器设计的(计算能力较弱,但并行处理能力较强),允许并行运算。用一个 GPU 代表一个神经元,目前有包含成百上千个 GPU 的平台,它们的结构和神经元类似。例如,IBM 的 TrueNorth 芯片包含 54 亿个晶体管,且构建了 100 万个神经元和 2.56 亿个突触。

(2)全球围绕互联网和联网设备(它们的故事才刚刚开始)的持续数字化,为"大数据"提供了来源,而大数据则成为(之前未见过的)这些算法赖以生存的原材料。

这两个方面的结合,成为 AI 的催化剂,AI 所覆盖的领域越来越广:游戏、医药、交通、家居自动化以及个人助理等,而我们也仅仅处于历史中这一篇章的开始。

3.3　算法基于神经网络的含义

在过去的 10 年间,我们见证了基于神经网络的 AI 方案的巨大进步,这源自于 AI 在多个领域的应用:医药、交通、金融、商业、面部识别、声音及图像等。在统计分析的世界里,神经网络的戏份越来越足,其原因在于它们能够处理非常复杂的场景(可关联成百上千个变量),还有它们的适应能力(这个世界的数字化程度每天都在提高)和(相对)易用性。就 AI 而言,深受人类大脑结构影响的"深度神经网络架构"已经成为关键词。

深度神经元的网络只是一段计算机程序,由数以万计相关联的数学函数组成,和神经元及其突触类似。这些神经元由多个连续层组成(最大的网络超过 100 层),每个神经元处理上层传过来的信息,并将结果传递给更低一层(下一层)。在传递给更低层时,神经元所处理的信息也变得更加复杂(见图 3.3)。

神经网络由连续层组成,可以对物体、面部及动物等进行逐步识别(更低层进行更复杂的处理)。

从例子中进行学习是神经网络的诸多特性之一,用户可以利用这一特点,对数据进行建模并设置精确的规则,以找到不同数据

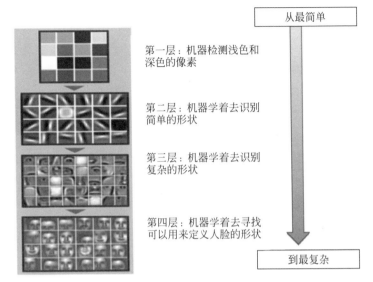

从最简单

第一层：机器检测浅色和
深色的像素

第二层：机器学着去识别
简单的形状

第三层：机器学着去识别
复杂的形状

第四层：机器学着去寻找
可以用来定义人脸的形状

到最复杂

图3.3　面部识别示例

属性间的潜在关系，这一技术被称作分类或者识别。将一组元素
分类，也就意味着预先设定好几个类别（根据是监督或无监督学习
模式，确定是否预先定义），将每个元素分到某个类别中。统计学
家将这个任务命名为"分类"，而执行这一任务的算法称为分类器。
要得到一个二进制的结果（属于或不属于某个类别），分类并不是
必需的，但可以提供元素是否属于某个分类的概率信息，最终使分
类器和结果相关联（每个元素都有自己是否属于某个分类的
概率）。

　　在得到这个信息以后，神经网络可以执行更加复杂的分类
任务。神经网络用户在收集有代表性的数据后会调用学习算法
（监督或无监督），该算法会自动学习数据的结构（分类）。这项技
术的一个优势在于用户无须特别地去了解如何选择和准备神经
网络所需的数据（和预期结果相关）。要想成功应用神经网络，用

户所需了解的知识和传统的数据分析技术及工具相比,简单得多。

神经网络开创了数据分析的新局面,使数据的隐藏部分得以发掘,并能得到含义、提取规则和趋势。基于这些特性和应用的其他扩展,神经网络特别适合应用于科学、商业和工业研究的具体问题。

下面是神经网络已经成功应用的领域:

- 信号处理(网络分析);
- 流程管理;
- 机器人技术;
- 分类;
- 数据预处理;
- 形状识别;
- 图像分析和语音合成;
- 诊断和医疗监控;
- 股市和预测;
- 贷款或不动产贷款申请。

3.4　大数据和 AI 为什么能配合得这么好

"传统"商业智能方案(20 世纪初期已经存在)在和大数据结合时非常困难,因为我们这个数字化的世界每天产生的信息量非常大。这种情况使得许多企业将大数据变成了"暗数据"(在分析过程中被忽略的数据,被随意提及,但无法被提取为有价值的数据),主要原因如下:

(1) 结构数据的缺乏(图像、声音、博客及文字等),使得将其纳入现有的商业智能方案如高度结构化的关系数据库[①]（运行报告）或者 OLAP[②]（多维分析）中非常困难，而专门用于大数据处理的 Hadoop 的出现解决了这个问题（2010 年左右，在 Google 等主流厂商的推动下）；

（2）"传统"的分析手段受限于相互关联的大量（数量和种类）变量（见图 3.4）；

（3）分析、决断和行动的时效。"传统"商业智能方案不大适合充满交易的世界（除非有某种作为推荐引擎的"使者"），缺乏对变化的反应和适应。由于"传统"商业智能方案具有的这些限制，我们利用它从大数据获得的财富是微乎其微的，或者是根本获取不到的。而利用 AI，决断、自动及自学习过程可以在几毫秒内实现，支撑全球数字化的联网设备的增长，只会增加可用的数据量（每秒钟产生 6000 条推特、40 000 次 Google 搜索及 200 万封电子邮件）。到 2019 年，每年的数据量将会超过 2ZB[③]。从目前来看，只有大数据和 AI 的结合才能提取出这些信息的所有价值，毫无疑问地，大企业已经开始了这个结合过程。

OLAP 或关系数据库（分析用）通常会用一种数据结构来禁止（或者至少增加难度）这种结合，因此也就减少了对大数据中无结构数据的发掘（分析）。很多已经解决了这个问题的 AI 方案在支

---

① 维基百科：关系数据库是一种基于数据关系模型的数字化数据库，由 E. F. Codd 在 1970 年提出，关系数据库是由关系数据库管理系统（RDBMS）来维护的，所有的关系数据库系统实际上都使用结构化查询语言（SQL）来进行数据库的查询和维护。在这种模型中，数据以行、列组成的表格（或"关系"）的形式存在，而且每个行都有独立的键值。行还被称作记录或元组，列则还可以被叫作属性。一般来说，每个表格/关系代表一种"实体类型"（如客户或产品），行表示该实体类型的实例（如"Lee"或"椅子"），而列则表示这个实例的属性（如地址或价格）。

② OLAP：联机分析处理，是专门用于数据分析的数据库的一个说法（要存储的数据量一般非常大），具有方便访问的特殊结构（星形模型）。

③ Zettabyte：10^{21} 字节 = 1 000 000 000 000 000 000 000 字节。

撑着大数据的存储和处理方案(Hadoop 等)。

大数据=品类繁多的数据

大数据引入了品类繁多的数据(物质和形状),通过毛细管
作用增加了其复杂度。

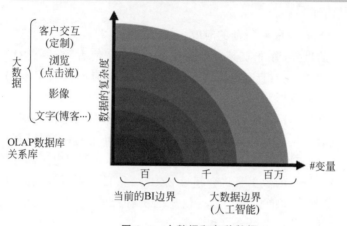

图 3.4　大数据和各种数据

| 第 4 章 | **人工智能的应用** |

CHAPTER 4

随着许多大企业在研发方面的巨额投入,人工智能市场增长迅速。Google、Apple、Facebook 及 Amazon(GAFA)已经在这一领域投入了数千位工程师及数十亿美元,不过许多其他国家也是一样的(法国在 2015 年为"France IA"投入了 15 亿欧元)。

随着我们这个世界的数字化,所有人都无法置身事外(企业的数字化程度也在一天天提高),绝大多数行业受到了人工智能扩张的影响,内部角色(雇员)和外部角色(客户、供应商)的关系也在不断变化。

本章重点关注人工智能的应用,尽管远非生活的全部,但也包括下列内容:

- 客户关系:个性化是关键;
- 交通:汽车和其他形式的自动交通;
- 医学:辅助诊断;
- 家居自动化:智能家居;
- 智能代理或个人助手:智能手机的替代者;
- 图像、声音、面部识别;
- 推荐工具;
- 以及按照定义始于学习(监督或无监督)且会转到算法的所

有可能的应用（通过大数据——谁知道明天又会出现什么）。

我们将会在本章讨论一些相关应用。

4.1　客户体验管理

随着互联网和电子商务网站的出现，客户关系管理（CRM）在20世纪末期经历了几次大的发展。对客户来说，这不是一次进化，而是革命，只需进行几次点击，就可以将多种商品和服务进行比较。这些机会对供应商（主要是但不限于品牌）及客户的关系带来了直接影响，因为客户变成了"所有人"的客户。此时企业也明白了"他们的客户"不再"属于"他们，能用在客户关系中的，也只有客户在浏览他们的电商网站或者联系呼叫中心所花的时间。这种想法导致了 CRM 的出现。CRM 是一个复杂的系统，涉及构建客户知识数据库，其数据主要来自交易销售系统（如电商网站或呼叫中心），基本前提是通过某种方法可以认识/识别客户（若客户未在网站正式注册，"匿名"浏览就比较难识别了）。乘着通信工具（智能手机、平板电脑）技术发展的东风，以永不停歇的互联网为基础，社交媒体网络出现在这个愈发数字化的世界中。我们甚至可以说这些变化源于客户关系的改变。在社交网络中，"控制权"在客户手中：他们自己决定何时以及用何种方式和企业联系。通过多方努力，社交媒体网络提高了社会主体间的信息共享和交换，但还涉及品牌、产品及体验（我们最终说出了这个词）。相比回答满意度调查（通过邮寄或者电话，甚至是互联网），在 Facebook 等社交网络中发表看法和内容（图像和视频等）分享更加简单高效，这种研究客户关系的新方法被称作社交 CRM。企业不得不考虑自己与客户的社交关系，并重新考虑自己的联系策略是否合适，在以前这是没有过的事。社交 CRM 增强了企业和客户之间的联系，客户以前是这种通信流的下端,在某次市场活动中和其他客户一道被当作目标人群(被识别为同一类,换句话说这些人的购买行为或多或少有相同的地方)。为提高通信的交互模式,客户及其供应商已经通过社交媒体网络建立了直接或间接的联系。这样一来就导致了好几个结果,构建了企业与客户间更加人性化、更自然及更直接的关系,这样有利于为客户提供最适合的产品和服务。但最重要的是,通过 Facebook、推特以及论坛等不同社交媒体网络上的交互而得到的市场数据库,企业增加了对客户的了解。利用经典客户关系通道很难获取或者根本获取不到的数据,社交 CRM 极大地丰富了 CRM 的内容。例如,利用 CRM 不仅可以跟踪客户对你所在公司的想法,还能了解他们在网络上对公司的一些评论。从目前来看,社交网络是发现别人对你评价的最好渠道,社交 CRM 则扩展了 CRM 的范围,且利用对客户更加精细及广泛的了解,我们也向客户体验管理(CXM)迈出了一大步。社交 CRM 是 CXM 的组成部分,它超出了客户和企业间的简单交互,已经扩展到每个独立的社交网络中。

4.1.1 在客户体验管理过程中,智能手机和平板电脑扮演了什么角色

现如今在谈论客户关系时,我们无法回避无时无刻不在连接我们和这个世界的设备,这些从未离开过我们身边的移动设备已经极大地影响了企业及其客户的关系。移动设备(智能手机或平板电脑,从被人们拥有开始它们就一直和互联网相连)应用广泛,例如搜索旅游行程、在网站对比产品、联系客户服务、发送通知、处理行政事务及其他许许多多的应用。近期的研究表明,移动设备在客户体验中的影响日益增大,下面的例子就说明了这一点(见图 4.1):

• 超过半数的法国人拥有一部智能手机;

- 至少 1/3 的法国人拥有平板电脑；
- 移动 App 是优化移动客户体验的主要数字工具；
- 过半数的商业机构(活跃在数字客户关系世界中)想要快速改进自己的移动客户体验；
- 移动设备可用于增强客户亲近度。

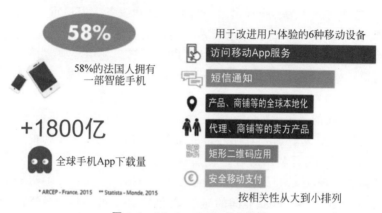

图 4.1　Markess 2016 公开研究

4.1.2　CXM 不仅仅是一个软件包

CXM 不仅仅涉及 CXM 应用的实现,更是处理客户关系的一种新手段,其目标是调动整个公司,而不仅是实际管理这种关系的人员(市场或销售)。我们指的是企业的范式转变,联系(不管企业是做什么的)的每个方面都会对体验有所帮助,也就是说"以客户为中心"。由于 CXM 更愿意深挖客户旅游行程、善于捕捉交互过程(所有类型,在线、离线以及消费等),且将单独分析每次体验,以改进和优化客户体验作为目标,这使 CXM 已经超越了 CRM。这种涉及企业内各个层级的方法,也已经成为 CXM 真正的哲学核心。CXM 很显然是 CRM 进化的一部分,涉及掌握和控制企业和客户间的接触点。要想掌握这一手段,需要结合不同方案来管理这些接触点,以及全面捕捉和这些接触点相关的数据(大数据)。
这些大数据接下来会成为体验分析和过程控制中的原料,而且在
这一领域处于领先地位的多数公司会为人工智能方案提供养料,
并提取出这些信息中的价值(见图 4.2)。

图 4.2　什么是 CXM

CXM 的基本原则是企业区别对待每个客户的需求,为他们旅
程中的每一阶段都提供持续更新、个性化、互动及针对性的体验。
CXM 需要利用定制化工具来推荐最佳产品,并通过自动跨渠道和
定制化方案引导这种转变。CXM 方法将客户期望置于企业责任
的核心(客户是企业流程的核心),以实现提供一种服务以及一种
个性化体验的目标,因此有必要组建覆盖整个公司的团队,而不仅
仅是专门处理客户关系的部门。企业里每个成员都要相信自己在
客户体验中的价值。

4.1.3 CXM 的组成

1. 客户交互

这是信息系统中的整合层,通过这个信息系统,客户和他们的信息源间可以实现实时的信息交换。世界的连接程度和数字化日益提高,时间和移动化非常关键,客户想要在任何地方快速访问所需信息,其中包括产品的价格和库存情况、预定活动(旅行、票据等)、个人数据、行政服务及社交网络。要满足这些期望(事实上已经变成了需求),互联网是最合适的媒介。

2. 网络内容管理

需要定制符合客户概况及企业联系策略的内容。但尽早展示传输选项,可以提前识别出客户是否来自另一个国家,确定旅程的阶段或者购物车中的内容,这也意味着可以适应不同的用户旅程(销售会话)。

3. 电商和网络 App

电商网站和移动应用在设计上必须要支持定制化(参见上面的观点),这就需要对表示层(机制上允许显示的内容和浏览顺序)和交互管理层(数据交换和/或商业规则)做正式的区分。若不做这种区分,内容的动态定制和/或浏览可能会非常困难甚至是不可能的。

4. 大数据、数据湖、数据管理平台

CXM(作用类似于客户参考系统)的原料是数据(联系数据、购买数据等),数据可以有各种大小和格式(参见第 2 章),CXM 依靠这些数据通过分析和/或人工智能处理与客户交互。

下面列出了一些常见的方案:

- 使用了 Hadoop 技术的大数据架构(可能是任意数据格式:日志、邮件、图像、声音及博客等);

- 数据湖,这是一种在读取时进行结构化的数据库;
- 数据管理平台,是结合了以上两点的版本。

5. 推荐和/或人工智能

这是 CXM 的重点,进行客户体验最优化处理是这个架构的分析部分。其通常会结合数据分析算法(通过数据挖掘分析流程或自学习人工智能方案)及负责优化客户体验的推荐引擎(在分析模块的控制之下)。

4.2 交通业

多年以来,为使人们的日常生活更加便利,生产商一直在费尽心思地为客车和公共交通引入新的技术。多亏技术的持续进步,汽车、飞机、火车等交通工具愈发可靠和高效。

今天,我们的汽车就包含了许多种新技术,它们连接了网络,安装了多种传感器、雷达、摄像头、GPS 及巡航控制等。这一领域在过去的 20 年中取得了很大的进步,自动驾驶汽车仅仅是这个发展中的一环,而不需要驾驶员则是最终目标。这种方法有以下几个目的:

- 提高道路安全;
- 优化交通流量;
- 重新思考汽车的使用方式;
- 节省人们花在交通中的时间,将其用在其他方面。

道路安全是最重要的原因,因为据统计,超过 80% 的交通事故是人为错误引起的。若所有汽车都是自动驾驶且联网的,那么交通事故的数量将会显著下降:自动驾驶汽车的反应更加迅速,而且更重要的是在危险事件面前更加理性,也不会再有超速和无法预测的行为(除了过渡期,此时的汽车有些是自动驾驶的,有些则不是)。

若所有车辆都是自动驾驶的,城市的交通状况将会更加流畅,拥堵也基本上不复存在,这是因为整个网络是相互连接的,而且由于汽车会在人下车后自动停到最近的停车位上,也就不会在路上停车了。私家车的这种使用模式毫无疑问会带来一个结果,不用再学习驾驶了,而且也没有任何限制(年龄、健康及视力等)。而当前的公共交通模式有可能会受到影响,自己拥有一辆汽车的必要性也不是很大,我们可以通过提高使用效率,来优化交通时间(例如在车上参加一个视频会议)。

本章所说的这些情况已经出现了,而且似乎没有什么能够阻止,这一点是很显然的。在下一个 10 年,我们将会见证集体和个人交通的革命,不过,这里需要澄清几个法律和道德问题:

- 事故责任,从理论上来说,驾驶员不再对事故承担直接责任;
- 在可能会涉及人的事故中(例如儿童在没有警示的情况下突然穿过马路),自动驾驶汽车(以及对其进行控制的算法)会如何反应呢?
- 和黑客①相关的技术风险,不怀好意的人可能会远程控制车辆。

到目前为止,美国的 5 个州已经批准了使用自动驾驶汽车,而法国只是在能源转换方案的框架内批准了几个测试区域。

首先,自动驾驶汽车上有一个雷达探测器,这是一种激光远程感知系统,可以扫描车辆周围的环境(360°扫描半径 60 米范围内的环境),且会生成一个三维立体图;其次,自动驾驶汽车会遵守道路标志、避开障碍物并将自身在环境中定位。集成在前后保险杠中的运动传感器,可以探测到车身前后很远距离内的车辆,并能检测

---

① 安全黑客指的是试图破坏防御并寻找计算机系统或网络漏洞的人,黑客的目的可能有多种,例如获利、抗议、信息采集、挑战、重建或评估系统漏洞以寻找抵御潜在黑客攻击的方法等。

到它们的速度。根据不同的环境,自动驾驶汽车会选择加速或者减速,而且在雨雾天气激光雷达比雷达的视野更好、范围更大。另外还有一种传感器起到了内耳的作用,使车辆具有方向感。位于后视镜内部的摄像头,则可以检测并解析信号灯、信号标志及行人的存在。雷达、传感器和摄像头会将信息传输到系统的大脑,这是另外一套软件。在处理数据并对环境进行评估后,自动驾驶汽车会做出决断并通过方向盘上的伺服系统来控制接下来的动作,驾驶员需要做的仅仅是通过屏幕或者语音命令来设定目的地。对于其他车辆,根据模式的设定,若是方向盘、踏板或者停止按钮被按下,自动模式就会被禁止(见图4.3)。

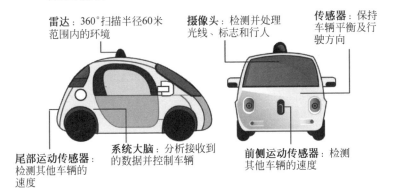

自动驾驶汽车

雷达:360°扫描半径60米范围内的环境

摄像头:检测并处理光线、标志和行人

传感器:保持车辆平衡及行驶方向

尾部运动传感器:检测其他车辆的速度

系统大脑:分析接收到的数据并控制车辆

前侧运动传感器:检测其他车辆的速度

图4.3 自动驾驶汽车如何工作

　　GAFA(选择参与这场冒险的主要厂家)和汽车生产商的自动驾驶汽车计划目前是什么状态?他们基本上都有自动驾驶汽车计划,数千名工程师正在进行这方面的工作,而且投资额达到了数十亿(单位是欧元和美元),目标是现在出生的孩子不用再需要通过驾驶考试。

4.3 医疗行业

　　成为一个医疗专家所需的知识一直在增加（几乎每年都会翻倍），PubMed 数据库（PubMed 收集医学和生物方面的文章）每年被检索的新文章有 3000 篇之多，医生所处的这个行业充满了竞争，要想掌握所有最新的医学信息几乎是不可能的。人工智能无疑是解决这一问题的最佳方法之一，它能以找出相关性和模型等为目标分析所有可能的信息，帮助医生对每种疾病施行最优的治疗方案。联网设备（传感器）及诊断辅助软件的出现，促进了远程医疗的发展（见图 4.4）。医疗专用的联网设备已经成为现实（压力计、血糖检测及药箱等），目前它们还是独立发展（专用方案，每个设备只能配合自己的应用），没有独立的通信协议（标准）保证数据以相同的格式进行交换。一般来说，网络巨头 GAFA 在预测医疗方面投入巨大（我们对结果拭目以待），当前的治疗医学（只有在确诊后才能治疗）在不久的将来可能会被基于联网设备（大数据）和人工智能（大数据分析）的预测医疗所代替。在接下来的几十年中，我们可能会见证健康行业的革命性变化，达到更加具有预测性和针对性的医疗水平。具有患病风险的人会带着医疗监控设备

图 4.4　联网医疗

（联网传感器），并连接到物联网中。通过对病人的监控，这些联网设备可以实时得到医疗和健康信息，然后由人工智能平台进行分析。由于病人会一直和虚拟医生连接，这也会带来"交互式"医疗的兴起。

4.4 "智能"个人助理（或代理）

"智能"个人助理（或者是一个缩减版的机器人）实际上是一个应用，可以帮助我们处理日常事务，其主要特性如下：

- 具有一定程度的自主权。在用户的控制下，且只有用户才能决定任务的授权等级；
- 对环境做出反应的能力。在执行动作期间，环境可能会发生变化（例如，修改一个过期的密码，告知且引导用户通过这个过程）；
- 和其他软件助手或人类合作的能力；
- 学习能力，这样会持续改进任务的性能。

概括起来，我们可以说智能个人助理必须要有知识（访问任务所需的信息），且能基于知识有所行动（更新）。它必须能够检查自己的目标（例如日程管理）、计划自己的动作（和目标相关），而且可能的话要对计划付诸执行。另外，它必须能同其他助理交互，这种智能助理连接会成为互联网应用的一个新的进化源泉，我们将会进入一个新的网络阶段，可能称之为智能互联网更为合适，其对用户的了解（直接或隐含的）也更加全面。

好几种智能助理都具有以下能力：

- 和其他助理通信；
- 在某种环境中工作；
- 了解用户的环境；
- 提供服务。

　　智能助手很快就会成为我们日常生活中的一部分,现有的包括 Google 助手、苹果的 Siri 以及微软的 Corttana,还有其他许多公司都在开发自己的智能个人助手,这些工具有一个共同点,也就是机器学习。利用我们提供的信息及它们自己获取的信息,这些助手可以给我们提供帮助(推荐、建议等)。它们会越来越多地出现在我们的家庭中(支撑家居自动化①的实现),它们和我们之间主要的通信方式是通过声音识别出谁是谁(见图 4.5)。我们的智能手机现在能够实现的功能(预约、日程管理、预定演唱会票及订餐等),也可由这些助手完成。具有了预测变化和任务相关风险的能力后(因此得以完成目标),它们也就变成了实际的助手(家庭或个人使用)。例如,对于需要外出的预约,为了尽早发现可能的影响因素,智能助手会实时分析交通状况、路上所用的时间及可能的选项等。近期的研究表明大量的智能手机用户(>90%)已经使用了个人助手(Siri、Google Now、OK Google 等)。

图 4.5　智能家庭中的智能助理

---

　　① 维基百科:家居自动化正在为家庭实现自动化,也可以被称作智能家居或智能房屋,涉及灯光、加热(如智能调温器)、通风、空调(HVAC)、安防,以及洗衣机/烘干机、烤箱或冰箱/冰柜等家用电器的自动化和控制。

4.5　图像和声音识别

图像是互联网中具有革命性的信息传递方式,每天在各种社交网络中分享的图像数以十亿计,它们使互联网的画面感越来越强,而且毛细管作用正在改变互联网的用法。图像正在代替文字,线上的玩家仅仅分析"文字"是远远不够的,还需要能解析图像。图像识别应用并不仅是一个营销概念,而且已经实现了在面部识别、机器人、翻译和广告等方面的应用。

简而言之,学习神经网络需要以下几步:

(1) 收集学习数据是最具结构化也是最耗费时间的一步,需要收集创建(已经确认)模型所需的所有数据;

(2) 建模会定义目标模型的特征,需要提取模型相关的变量(特征工程[①]):几何形状、图像中的主要颜色等。这一步非常关键,这些变量的准确程度取决于模型的相关性,这一步还可以用于确定神经网络的特征(类型和层数),就对世界的分析感知而言,这一步也可以说是非常有技术性的;

(3) 网络配置和它的设置(在学习数据和确认所需的数据之间选择);

(4) 学习阶段的目标是给模型提供数据(学习并确认)、训练并对其进行确认。调整会在比较模型的预测(输出)和预期结果时进行;

(5) 输出(预测)是最后一步,在这一步判断模型是否可靠、训练良好,以及可否运行。

神经网络由多个连续层组成,每层处理一个任务,其基本原则是越深的层执行的任务也越复杂。对于图像识别,我们首先确认用于定义颜色和轮廓等的像素,然后是更复杂的形状,最后是面

---

① 形状、颜色等特征。

部、物体和动物（见图 4.6 和图 4.7）。

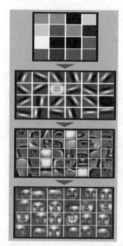

第一层：机器检测深色和浅色的像素

第二层：机器学习识别简单的形状

第三层：机器学习识别复杂的形状

第四层：机器学习用何种形状定义人脸

图 4.6　这个面部识别的例子使用的是多层结构，其从顶层开始并逐层变得更加复杂

图 4.7　相同的技术可用于增强现实（环境感知），自动驾驶车辆可以利用这些信息对车辆进行自动控制

4.6　推荐工具

推荐工具的目标是通过提高转换率（购买者和访客之间的比值）来增加电商网站的商业效率，转换率也反映了提供给互联网用

户的产品（商品或服务）是否符合他们的预期。很久以前，主流电商进行推荐的原则是建议符合客户特征的产品和/或已经在他们购物车中的产品。改进转换率或提高购物车平均商品量的一个方法是，提供类型相似的其他用户购买的产品和正在浏览的与产品相关的文章或者其他互联网用户推荐的产品。给客户推荐的产品有无数种可能，而这种交叉销售和追加销售操作起来远没有想象得这么容易。推荐算法需要浏览数据、客户概况（明确或隐含）以及公司策略做支撑（什么情况下推荐什么产品，参见图 4.8）。

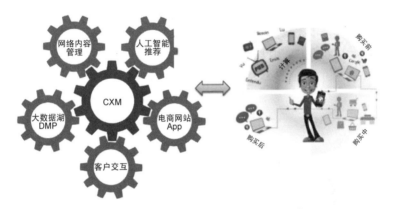

图 4.8 推荐将通过右边的通道纳入到客户路径中。客户联系通道相互促进而不是替代，企业为每个通道选择相应的通信方式（内容格式、交互及语言等）。客户希望选择他们的通道并且能够根据情况（一天中的时间、位置、兴趣及预期结果等）做出调整

推荐系统利用一组意见和评价帮助用户做出自己的选择，协同过滤则是构建这种推荐系统的一套方法，协同过滤的目的是给用户提供他们可能会感兴趣的产品（商品或服务）。用户可以利用多种方法得到这些推荐：最简单的是基于声明数据，而最复杂的则是基于用户的浏览数据，例如访问的页面、访问的频率、购物车的内容（产品关联）、访问的时长及用户对不同商品的投票，因此我们

再次看到正是数据造成了这种差异。协同过滤基于一种互联网用户间的比较系统,由于互联网和平台成就了分级和评价系统,"数字口碑"也成为可能。主流的线上玩家极大地促进了这些技术的发展,声明部分是非常简单的:其需要将客户和一件产品和评分(或者一个"赞")联系起来。目的是预测客户是否需要一件他之前从未购买过的产品,这样就能给客户推荐最符合其期望的产品。协同过滤基于按照以下几种方法产生的客户交互:

(1)声明式,不管是否购买,这是一种所谓的邻元法,基于客户和他们喜欢或所购买产品的相似性指数(相关性)。这条原则基于一个假设,也就是喜好类似的客户对一些产品的看法也是类似的。

- 优势:能获得相当大的数据量(甚至是客户的所有浏览数据以及他们的"推荐"和喜好等);
- 劣势:仅是声明性的,未被购买确认。

(2)模型式,其原则和声明式相同,不过只基于购买行为。

- 优势:相关性基于事实(购买行为),而并非填写的喜好;
- 劣势:可用的数据相当少(只有百分之几,根据电商网站的访问数)。

(3)混合式,综合了前面的两种方法(声明式和模型式),因此可以在降低劣势的情况下,利用每种方法的优势。

为了构建顾客概况以及推荐最适合用户的产品,协同过滤可以通过正规(对电商网站的访问)或非正规[公开数据:IP 地址、设备 ID(设备编码)及 cookies 等]的方法来识别互联网用户,这也是在实现协同过滤时做的一个假设。

图 4.9 为一个逐步协同的简单例子。图 4.10 为目前人工智能行业的分布表。

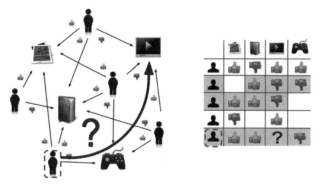

我们通过将该互联网用户与"和他相似"的人作比较，
来发现他是否对电影感兴趣

偏好最相近的 "邻居" ⟹

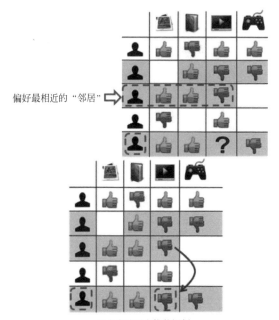

不会向该用户推荐视频

图4.9 逐步协同过滤。在本例中，我们可以看到偏好最相近的"邻居"对视频
不感兴趣，这样推荐引擎也就知道了这个互联网用户的偏好（此时不
要推荐视频）。若用户对视频产品感兴趣，基于自学习的模型会在浏
览时将推荐视频考虑进去，而且他们的描述由于这个信息而得到提升

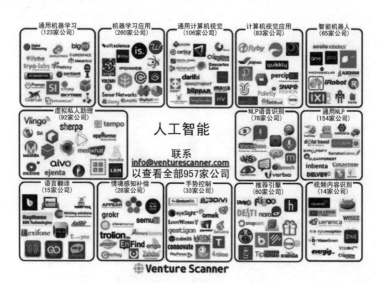

图 4.10 人工智能行业分布表

结　　论

故事才刚刚开始,你真的就能得到一个结论吗?

当前的数字化趋势使我们非常确信,未来没有哪个领域是人工智能无法染指的。这些自学习算法的巨大优势在于,它们可以从所有类型的数据中学习,所覆盖的范围是无限的。它们的能力主要是学习,而计算机程序则是为完成某个任务被编程。自动学习算法使这个问题更加简单,因其能够利用模式识别[①]且基于现有的数据去学习如何执行任务。这些算法所拥有的数据越多,就越能够自动构建一个适用于新数据的程序。这些算法已经应用了多年,可以在互联网上搜索信息、自动分类电子邮件(垃圾邮件)或者向用户推荐他们可能会感兴趣的产品或人。

强人工智能仍然有很大的争议:设想一下,一台机器具有自我意识,可以分析自己的想法,并具有情感。有些人相信一台经过良好编程且功能强大的机器不仅能够模仿智力行为(执行任何一个可由人类完成的"智力"任务),还具有自我意识、"真实的感觉"及理解自己的想法。今天,我们已经知道意识具有生物媒介(神经元),接下来的问题是:如果我们能够实现神经元的功能,那么是不

---

① 可以是形状或信号识别。

是就可以说不需要生物媒介支撑了(例如计算机)? 没有什么能够
阻止我们思考这个问题,剩下的问题是发明一台由人工神经元(或
其他支撑)组成、可以连接 1000 亿个神经元的计算机。要实现这
个目的,第一步无疑是愈发强大的伴侣机器人的开发(有些已经上
市),其全身布满可以感知周围环境的传感器(摄像头,话筒,静电、
红外、压力、加速度、振动及温度传感器等),它们可以通过算法识
别面部(知道谁是谁)、语言(说的什么意思——语音命令无疑是机
器人和人类之间的重要通信媒介),使自己的行为满足每个人的需
要,以及对环境做出反应(如火、噪声及干扰等)和/或执行分配给
它的任务。

　　人工智能的一个关键点及核心功能在于自学习,以及从自己
的经验中学习并记住之前动作的能力。

　　人工智能仍然保持着野蛮生长状态。这个领域存在的时间不
长,我们也没有足够的时间确认和大数据相关且已经实现(通过互
联网)或即将通过 IoT 实现的算法(基于神经网络),以及和电子远
程医疗、家居自动化等相关的算法是否是"有害"的,或者至少将我
们困在一个把我们的行为、爱好和选择等都变成公式的系统里,这
就意味着我们的生活会在算法的控制之下(神经网络当前是真正
的黑盒子)。另一个要说的方案是人工智能可以为人类提供服务,
就医学而言,其可以帮助我们改进预防、诊断,甚至是为病人选择
治疗方案。我们的工作、通信及生活方式也会受到影响,对于机器
处理起来更加高效的任务,我们就可以脱离出来了,并专注于创造
及创新等需要认知能力的工作中。可以打赌的是,不管是现在还
是将来,机器都会为我们服务,而不是反过来。

　　对于企业而言,由于商业智能(BI)方案已经被永不停息的数
据流(更不用说它们的格式多种多样)压垮,(弱)人工智能可能是

高效挖掘大数据的唯一方法。数据管理团队①已经无法应对,而分析人员则越来越难招到。同时,决断和行动的持续时间现在已经变成了毫秒级(留给长分析流程的机会已经很少或者没有了)。

本书提出的问题是,算法是否能够接管这一切。在下一个10年,我们很明显将会经历人工智能在我们日常生活中(职业或私下)随处可见的场景(我们也可以说人工智能无处不在),我们会在各种设施中不知不觉地使用越来越多的算法,我们的数据也会被越来越多的机器分析,而且在没有意识到对方并非真人的情况下和它们进行通信(它们也会相互通信)。

交通、家居自动化、机器人、医药、安防和许多其他领域都会依赖人工智能,这个"新世界"有好的和不好的方面,但我们还得同这个新的智能形式共存。有些人信任它们,有些人则持怀疑态度,但不管怎样,当前是这种智能形式从这个数字化世界中脱颖而出的好机会。

---

① 用于收集、存储及保护企业数据的人工和物质手段。

大　数　据

　　现在你可能已经意识到了,这些数据来自我们的数字化世界(互联网),在持续产生数据的同时(互联网从不休眠),速度、数量和形式都在一直增加,物联网(IoT)只会加速这个过程。对于大的互联网玩家而言,数据就是他们的"原材料",而数字数据的爆发也迫使他们思考处理和分析这些海量数据的新方法(利用计算机技术),流行的说法是:时间(进行接近实时分析的能力)。大数据的概念也随之诞生。

　　从根本上来说,大数据是一组非常庞大的数据集,随着时间帧越来越短(几乎是实时的),传统工具(关系或分析数据管理引擎)和数据处理方法(数据提取和转换)已经跟不上了。

　　可用数据的数量也在增长,而且数据格式也多种多样。不过,存储器的成本在降低,大量数据的存储也变得更加容易了。但这些数据的处理仍然存在一些问题,大数据(利用技术手段)注重最后一部分,而智能数据则更关心分析部分,即大数据在企业决断过程中的价值和集成。大数据不应被视作一种可以替代商业智能的理念(以及相关方案),应被当作一个新的数据源,而企业必须要将其和现有数据集成关联。大数据已经将自己定位为企业中处理、挖掘和传播数据的方案之一,以帮助企业做出战略或运营方面的英明决策。

技术发展为数据存储和管理开创了新局面,这也就使得在一个合理成本下存储任何东西成为可能(由于数据量大但结构性不强)。提取数据价值的难点之一在于,数据产生的"噪声"在存储阶段的前期没有被处理掉(数据量太大,最终"杀死"了数据),这样就产生了负面效果。但这也有一个好处,由于存储的数据是"原始"的,因此有可能从源数据中获得新发现,而若是数据在存储前就已经被处理或过滤了,则这种可能性也就不存在了。因此需要根据所设定的目标,考虑这两个方面的平衡。

大数据的"数据"具有 4 个 V 的特征,也就是数量(Volume)、种类(Variety)、速度(Velocity)及真实(Veracity),而后面还跟着第 5 个 V——价值(Value,和智能数据有关)。

1. 大数据量

2014 年,互联网用户大约有 30 亿,而超过 60 亿的设备(主要是服务器、个人计算机、平板电脑及智能手机)通过 IP 地址(互联网协议,在和其他设备通信时可以被识别出的唯一编码)连上了网络。这样就导致了仅 2014 年一年,就产生了 8 艾字节(1 艾字节 = 10^{18} 字节 = 100 亿亿字节)的数据。1 字节包含 8 位(位是计算机的基本单位,由 0 或 1 表示),信息的数字化也是由位实现的。在不远的将来,随着互联网设备的出现(我们日常生活中的事物,例如电视机、家用电器、监控摄像机等,都会连接到互联网中),其数量将会是数百亿(大约 500 亿),每年将会产生 40 000 艾字节的数据。互联网很明显是非常庞大的,每分钟产生的事件有数十亿之多,有些可能对某个企业有价值,而有些可能相关,其他的则不那么相关。为了确定信息的价值,有必要对它们在读取后进行筛选,简而言之就是通过存储、过滤、组织和分析来"减少"数据量。

2. 种类繁多

很长时间以来,我们仅需要处理一般的产生自交易系统的结构化数据,数据在提取转换后被添加到所谓的决断数据库中,这些数据库的数据模型不同(或者是数据如何存储,以及它们之间的关系)。

交易数据模型:在这种模型中(数据存储和操作结构),重点是提高读写及修改数据的速度,降低每次交易的执行时间,最大程度地提高并行执行的任务数(例如电商网站必须要在某种筛选标准下,支持上千位用户同时访问产品目录及价格,而且无须或很少访问历史数据)。这些被称作"标准"的数据模型,会转换为按照类型/实体来组织的数据结构(例如客户数据根据产品数据或发货单被存储为不同的结构)。这就使得数据的冗余很小或者没有,不过我们需要管理的实体关系数量众多,而且一般非常复杂(需要非常了解数据模型,并且由于实体关系太过复杂,这些任务一般由方案/应用来执行,而不是商业分析人员)。简而言之,标准化的模型提高了交易行为的效率,即便不是不可能,但除了运行报告(分析空间很小或没有),商业智能方案(源于这个数据模型)实现起来也非常困难。

决断数据模型:在这个模型中,重点是分析和建模,需要大量的历史信息(以年为单位),并且需要访问大规模的数据(例如所有销售季的所有产品等)。即使可行,这些限制也使关系数据模型的应用非常困难(和数量相关的实体间的连接和关系,会严重影响请求的执行时间)。要解决这个问题,需要设计非标准化的结构。这些模型的结构比较简单(又被称作"星形"或"雪花",对应和自身维度相关的一组星形结构),数据(源)存储在包含所有实体的单一结构中。例如,客户、产品、价格和发货单会被存放在同一个表格中(又被称作事实表),可以通过分析进行访问,并得到自己的星形及名称。这种数据模型一方面使得访问非常方便(除了需要维度表的,链接很少或者没有),而且这种访问更加有序(尽管具有索引);另一方面,由于信息存储在"事实表"中(处理的数据量更大),数据会有冗余。企业不得不处理这种结构化程度更低甚至是无结构的数据,例如消息、博客、社交网络、网站日志、电影及照片等。为了在企业决断系统中应用,这些新的数据类型需要特殊的处理(分类、缩减)。

3. 高速度

由于数十亿用户的存在,互联网上一直在不间断地产生各种活动(互联网从不休眠),而且这些活动由电商网站、博客及社交网络等软件管理,这些软件又会生成连续的数据流,企业必须要能够实时处理这些数据("实时"很难定义,但对于互联网的情况,我们可以说这个时间要和用户会话的期限相符)。由于互联网存在竞争,企业要能及时做出反应(无论任何时间,白天还是黑夜,提交内容、产品及价格等,以满足客户的期望)。任何客户都不局限于某个企业或者品牌,忠诚的概念越来越模糊。最终,企业或者品牌只会拥有客户愿意付出的时间,而且要永远可以满足客户的期望。

4. 价值(和智能数据相关)

从大数据中可以提取什么价值?

这是问题的关键所在:不仅是大数据,这个问题还适用于所有的数据。我们可以说,没有价值(未挖掘到)的数据,也是需要付出成本的(处理和存储等)。因此数据的价值在于它的使用,企业非常清楚他们还远不能挖掘所有的数据(企业主要关注交易系统产生的高度结构化的数据)。全球化及这个世界的(急剧)数字化,使得这种认识愈发清晰,竞争正在加剧,机会也变得更多,在行动前就"知道"的能力已经成为真正的优势。大数据遵循相同的规律,必须将它作为另一个可以改进决断过程(技术和人为)的信息源(结构化和非结构化);现在是大数据向智能数据转变的关键时期。

附 录 B
APPENDIX B

智 能 数 据

　　智能数据表示为了适应决断和行动过程,将不同的数据源(包括大数据)进行协调、组合及分析等的方法。很多数据都很"大"(就大小和速度而言),但有多少是"智能"的呢(对企业有价值)?

　　智能数据需要被理解为一套能够帮助我们从数据中提取价值的技术、处理方法及相关的组织(商业智能竞争力中心),它基于商业智能。智能数据是商业智能(分析或运营)最基本的核心之一,且被商业智能"2.0"推动和发展了诸多新特性,例如在商业流程中更加规范的整合,一些必要的信息会扩散到企业的各个层级,且所做出的决断必须要尽可能地贴近实际(行动)。商业管理和优化指标要符合运营决断和行动过程。运营部门快速采用这种新一代的工具,且以运营手段为主,而不是分析手段,这样可以借助常见且可测量的指标和目标(关键性能指标),简化企业的管理形式。商业智能组织已经具备了这种手段,商业智能竞争力中心(BICC)也已经看到了希望。全球化导致了决断过程的分散化及我们周围环境的急速数字化,因此我们需要在没有延时的情况下执行决断和行动过程。若结合交易方案,商业智能会变得更加强大。互联网很大程度地改变了决断和行动过程,而且交易过程的数字化(电商网站等)方便了这两个世界的结合及交流:交易世界(运营行为)及决断世界(分析行为)。这种结合需要尽可能地降低"决断"周期的持续时间,这个过程包括数据捕捉、转换、存储和分析及发布(提供决断和行动周期)。

下面用几个例子来说明这一点。

推荐引擎是在电商网站中出现的,这些软件基于实际交易对应的统计分析进行实时交互(和某个用户进行会话时的情况),并做出推荐(不同产品和价格等,可以根据用户的浏览路径或对该用户偏好的了解,在交易过程中自行提出)。推荐引擎使用的规则如下:

- 等级、评分及期望的分析数据;
- 交易上下文的数据、浏览路径;
- 事件报警:若发生某个事件,则很容易得到通知(如对物流信息的逐步跟踪),或者执行和某件事相关的特定动作。

在支付安全方面,可以确认或取消实时信用卡支付,而诈骗检测的(自学习)风险算法则降低了企业未收到付款的风险。在将交易事件纳入到规则/推荐引擎生成的决策数据中后,所有这些例子的实现也就成为可能。平板电脑或智能手机等新设备产生信息的移动性和暂时性结合日益高效的网络(Wi-Fi、4G),借助无线通信模式和与互联网近乎永恒的连接,已经变成这个新的"信息时空"的关键元素。信息及其消费者(例如战略、运营决断者,或者普通的互联网用户)之间的连接永远不会中断,这也就使得在正确的环境和时间点、借助正确的信息做出正确的决策成为可能。信息必须要适应新的格式(响应/适应式设计的出现,或者信息内容适应各种设备技术约束的能力),数据处理(捕捉、分析和恢复)的时效已经同商业流程相匹配,而且重要的是,商业流程中使用的信息与流程也非常一致。这种新的操作需要信息系统(IS)在管理 IS 部件间的通信时,可以进行信息的实时处理。这种 IS 模型被称作面向事件的架构,其目标是管理数据,使系统能够实现实时处理。

随着分析的自动化,互联网永远不会真正地休眠(在线活动是永恒的,世界上总有一部分地区是白天)。工具和分析流程必须要适应这种新的时间帧(在过去,晚上一般是"静默期",企业一般会利用这段时间处理数据及更新决断支持系统,而对于今天的互联网而言,这种操作模式的效率越来越低)。数据的分析、建模及分割等过程目前是自动进行的,同时也具有自学习的功能(能够结合过程中收到的新信息),已经被用在交易应用中(通过规则/推荐引擎)。分析过程已经被分为了以下几个部分:

- 运营分析(支持交易方案)。具有自动"运营"分析处理的特点,人类的干预仅限于控制和监控规则的正确应用和/或集成到分析平台中的各个模型的一致性。假以时日,交易信息(例如网页访问、产品/价格查询及购买等)会充实规则/推荐引擎使用的数据库和模型等。

- 探索性分析(构建的地点、研究等)。这是一种较为传统的分析模式,分析人员/统计学家通过数据分析得到有助于运营分析的新结论。这两种模式是互补的,探索性分析着重于模型的分析和构建(例如购买行为、客户分类及适用性评分等),而这个模型随后会被使用(实时)且在运营分析过程中得到强化。

- 组织纬度。为了使用并挖掘大数据和智能数据,企业应该有合理的 BI 架构,其责任是设计并支持企业的商业智能策略。BICC 是一个组织上的支撑,BICC 的目标是成为横向组织结构(横跨整个公司,打破"竖井式"的需求和商业智能方案),包含以下 3 个方面:

  - 技术概况,确保设计和支持的技术维度(工具及数据库等)及数据处理管理质量等;

  - 分析概况,确保商业需求、数据分析、商业数据分析培训的分析和转录;

– 商业概况,确保企业战略和相关企业需求间的联系。

- 商业过程和指标相匹配(过程和组织)及管理(和新的工具、流程有关)的变动。确保企业 BI 总体规划的实现和监控,制订符合企业运营和战略需求的多个路线图,预测 BI 相关(工具、新趋势等)的发展,以及建立监控系统。
- 优化决策项目投资。
- 确保 BI 项目和资源池间的协调(技术和人为)。保证数据管理计划的实现和监控:制订企业的 BI 标准和规则并保证用户培训,不管是工具还是数据。

　　大数据会以极高的速度(几乎是实时的)产生大量的交易数据(购买行为、浏览网站等),要不改变这个速度,数据处理必然会受到限制。在几秒的时间内,电商网站可能会有数千在线用户,大数据很难实现对电商网站产生的浏览数据进行捕捉、处理并建模,然后在实时交互(用户会话过程中)后做出推荐。另外,在浏览过程中提取必要的数据,并根据上下文实时分析(例如通过 cookies 及页面标签得到的国籍、咨询过的页面/产品及访问次数等),可以实现推荐、规则管理等过程,并利用从智能数据(行为/购买模型,以及客户分类等)中提取出的正确信息来优化要执行的动作(例如推荐另一件产品等)。

附录 C

APPENDIX C

数 据 湖

数据湖是组织和存储数据的新方式,和大数据的当前架构相关。之所以提出这个概念,是为了存储任何格式和粒度大小的数据("原始"或转换后的数据)。数据湖的目的并非将数据分析限定为一种预先定义好的格式或框架(现有的分析数据库或多或少是这样的),而是让分析人员或系统在使用数据时(自动分析过程)可以访问未经过任何"过滤"(决定了用法)的源数据,其目标是提高各种数据项目或计划在实现时的灵活性和速度。

数据湖和现有的分析手段(例如数据市场和数据仓库①)有什么不同?

根本区别在于数据库结构:

- 数据市场或数据仓库具有预定义的数据模型(强化存储体系),而且这些数据模型的目的在于,在数据库建模期间,以一种预定义的格式(指标、维度等)和形状(物理格式)来存

---

① 数据仓库存放企业所有的数据(分析用),数据市场是面向主题的数据仓库(例如客户数据市场),一般被当作数据仓库的子集。

放转换的数据,这种转换的工具名为提取转换加载①。因此,在这种情况下,目标数据库(数据市场或数据仓库)中的数据此时按照写法还是结构化的,未纳入目标数据库的任何源数据都无法被用户(使用这些数据的分析人员或系统)访问。当然,为了实现可能会被证明为非常麻烦的设计,技术团队需要分析这种新的数据架构的限制及所有新需求(可行性、规划及成本等)。历史数据非常符合这种情况,需要根据新的目标数据模型对其进行恢复。对于每次新的变化,用户都要重复这个过程。用户实际上会被 IT 部门(或分析方案供应商)束缚手脚,这对探索、创新及灵活性都造成了障碍,正是因为这些限制的存在,设计师们才会重新思考数据存储;

- 数据湖开创了数据分析的新局面。当前数字化的环境在不断变化,而且对时效的要求越来越严格,能够适应这种环境是一个关键,我们必须要实现实时交互。而这已经超出了商业智能现有分析手段的能力范围,因为价值创造并不仅仅局限于生成报表,最重要的是将其用于运营目的更加明显的场合,例如交易过程中的交互(人工智能方案就是一个很好的例子)。数据湖的一个主要优势在于,它不会在存储期间给数据增加任何东西,当然这也就导致了用户可能要管理非结构化的数据,会对后续的工作增加一些困难(由于缺乏结构,数据分类过程的复杂度会提高)。数据湖中的数据挖掘和数据市场或数据仓库存在的差异在于,在读取数据的过程中进行数据的结构化,因此使用数据的分析人员

---

① 维基百科:在计算中,提取、转换和加载(ETL)表示数据库的一个使用过程,尤其是数据仓库。数据提取是从各种数据源中提取数据,数据转换是将数据转换为特定的存储格式或结构供查询或分析使用,而数据加载则是将数据加载到最终的目标数据库,具体说就是运营数据存储、数据市场或者数据仓库。

或系统在读取数据时必须了解要实现的目标是什么。我们可以将这个数据湖的概念作一个比喻,网和网眼的大小决定了要捕捉的鱼的大小及种类。这种读取期间结构化的方法只在使用数据的时候才适用,允许源数据保留初始状态及分析的可能性。这种方法的一个不利因素在于,在工具和理解方面比以前需要更多的技巧(工具的技术含量显然更高,对源数据的了解和理解需要更"锐利")。丰富的集成数据湖管理平台使数据科学家可以很好地使用数据,并且快速构建分析方案。机器学习过程也和数据湖有所关联,因为它们的目标是挖掘所有可能的数据以构建互相作用及自学习的分析方案。

对于绝大多数情况,数据湖的实现一般出现在企业开始对现有分析架构产生疑问的时候。事业部需要通过简化渠道(集中数据源)和加快创新周期来改进他们使用数据的方式。媒体和营销业已经率先引进了数据湖(用于客户交互分析),这也就促进集成了数据湖的数据管理平台①(DMP)的出现。这些数据会被输入分析方案中(机器学习或标准的分析流程),通过这个方案,我们可以在交流周期或购买周期中进行交互。这个应用领域每天都会取得一些进展(IoT、跟踪、安全)。我们这个急剧数字化的世界所产生的海量信息,为这些技术开创了新的应用领域,这些大量的数据在被我们理解的同时,也自动投入了使用(人工智能在这里无疑扮演了非常重要的角色)。

---

① 涉及提取、集中、管理和使用数据,这些数据和可能的客户交互有关。最初的 DMP 关注互联网浏览数据,用于行为广告。目前,最先进的 DMP 集成了用于数据收集和目标营销的各连接点。

人工智能术语

代理：能够表现、行动和通信的一种自动单元（或实体）。在人工智能领域，代理是一种机器人或计算机程序，具有通过传感器感知周围环境的能力，并可以根据这种感知及自身规则做出相应动作。代理的种类多样，工作环境也是定义好的。谈话代理基于语言处理算法，应用于自己的领域。而多代理系统则包含多个代理，在一个特定应用中共同做出反应。

适应算法：能够根据环境变化修改响应或处理数据的算法。与确定性算法不同，适应算法被称为非确定或概率算法，同一个适应算法执行两次可能会给出不同的选择。

人工智能：好几个定义可能都适用于 AI。创造者之一的马文·明斯基（Marvin Lee Minsky）则将其定义为"由计算机程序构成，可以完成更适合人类实现的任务，因为这些任务对智力要求较高，例如感知学习、记忆的构成及批判性思维"。经过扩展后，AI 成为一门包含生产方法和所谓智能及程序工程的科学学科，AI 的目标是能够利用和人类相似的反射过程来执行复杂的任务。

自动学习（或机器学习）：人工智能的一个分支，主要关注在不修改算法的情况下实现机器进化的学习过程，学习机制包含以下几类：统计、监督（学习规则由实例定义）或无监督。

贝叶斯定理：基于英国数学家托马斯·贝叶斯（Thomas Bayes）的理论实现的概率计算。对于人工智能而言，贝叶斯推断是我们推算出事件发生概率的依据。

贝叶斯网络：表达某种推断确定性和不确定性的概率图或者语言。贝叶斯网络是基于英国数学家托马斯·贝叶斯（Thomas Bayes）的节点连接概率公式，节点包括变量名及概率表或者根据父节点数值得到的变量相关推断。

认知科学：涉及多个学科，研究领域为思想过程的机制和功能。认知科学试图描述人类思想、意识及智力的机制，并且希望用计算机程序将它们重新生成。其综合了多门学科，例如心理学、语言学、神经学及计算机科学等。

谈话代理或聊天机器人：管理人类和代理对话的人机接口。聊天机器人基于自然语言的交流，系统地解析用户的语句并以自然语言的方式提供答案，谈话代理技术则基于语言处理。

决断树：决断过程中所用规则的图形表达方式（以树的形式呈现）。决断树中包含决断节点和分支，用于机器学习，并可以根据要做出的决断计算得到不同的结果，还可以根据概率做出预测。

深度学习：一种机器学习方式，属于人工智能的"自动学习"领域。深度学习允许无监督的学习方式，其基于数据模型分析，尤其适用于图像识别或者自然语言处理。

分布式人工智能（DAI）：人工智能的一个分支，目的是构建离散型的系统，通常具有能够合作及协调的多个代理。分布式人工智能研究是一种能够让自动代理相互交流的技术，以及如何将一个问题分布到其中的方法。这些技术借鉴了蚂蚁等某些昆虫群落的复杂结构。DAI应用的一个领域为自动移动代理协调（如飞机或汽车），它们在行走过程中需要在一定时间内避开对方。

专家系统：基于一组预先录入的规则，能够解决特定领域问题的系统。同弱人工智能相关，和某个领域的专家一样，该系统利用规则能得出确定性的结论。若对某种情况没有相关规则，就无法正常运行。专家系统已经在特定领域证明了自身的价值，这些领域的知识库非常丰富，足以应对所有情况。一套专家系统一般包括知识库、推断引擎及规则库。

模糊逻辑：包含了在真或假数值之间所有可能性的论证。传统的确定性计算机系统，也就是那些 AI 范围之外的，都是基于真或假的数值，等于人类的是或否。人类和 AI 能够处理模糊逻辑，而且还能得到许多和这些数值有细微差异的数据，例如那些经常或很少分散在总是出现和永不出现间的数值。

启发法：指的是基于过去的结果来解决问题的方法。启发法并不依赖于规范的建模，而且不保证能得到有效的响应。根据计算机科学家纽厄尔（Newell）、肖（Shaw）及西蒙（Simon）的观点，启发法是这样的一个过程："可能会解决一个给定的问题，但不做这方面的保证"。简而言之，系统会在多种可能性中选择，但不确定所选的就是正确的那个。

推断或论证：从隐含信息中进行推断的操作。和逻辑一样，这是所有论证的基础，推断用于创建信息间的联系，以得到论断、结论或假设，且使用一组基于推断系统的规则。

知识库：和某个给定主题相关的一组信息。要想发挥专长，知识库需包含这个领域的专家所掌握的所有知识。知识库经常用于专家系统。

逻辑：这是一门论证的科学，以及论证的应用和表达。除了表达及论证或推断，逻辑是系统推理能力三要素中的第三个。逻辑的种类有很多，例如命题逻辑及一阶逻辑等。

建模：为了模拟复杂系统，利用现有信息构建模型，也适用于场景或物体。AI 建模的目的是告知系统所建模物体的情况和功能。

自然语言：人类所使用的语言与机器语言不同。自然语言是人类口头或书写通信的媒介。

神经网络：由和人类大脑工作方式相关的算法组成的程序。神经网络模仿人类大脑的功能：程序的功能相互联系,而且信息分布在整个网络。

感知：系统接收和目标相关的刺激或者环境事件的能力。这些刺激,或者也可以说信息由某种传感器设备感知。对这些刺激数据的分析,使系统可以得到目标或者环境的特征。该系统可用于面部识别等领域。

预测分析：一组数据和统计分析技术,用于生成预测结果或者预测性假设,以及/或者可能会发生事件的统计模型。预测分析在企业中的应用越来越多,例如市场用其预测消费者的行为等。

概率：研究机会和不确定性的数学分支。在人工智能领域,其目标是创建概率推断系统,而不是确定性的系统。

知识表示：人工智能的一个分支,利用信息表示模型或者知识模型,来形成假设或者生成推断。知识按照类型分类：总是真(正方形是具有 4 个边的多边形)、不确定/确定、变化……

机器人技术：AI 的一个分支,涉及机器人的设计和制造。这些机器可以是人形的,也可以不是,例如在工业场合的应用。机器人技术需要其他 AI 学科的支撑才可以制造出机器人,例如机械、电子、液压及其他的工程形式。

规则：知识库中的一种知识表达方式,可在计算机中运行。规则常用在专家系统中,而且规则的表达方式为如果(前提)和结果(结论)。

安排和规划：系统控制另一个系统并实时反应的能力。安排和规划基于控制系统的能力,以评估某种情况或事件、做出决断或者规划任务。例如,安排和规划系统能够在无须人工干预的情况下控制 24 小时工作的航天飞机。

强人工智能：机器不仅具有重现智能思考和交互的能力(分

析、论证及理性行为),还有"意识""感觉"及理解某个人推断的能力。强人工智能是一个争议性的话题,根据批评者的说法,强人工智能认为机器"认为"自己知道自己的"感觉"。简短来说,机器具有意识,而普遍的看法是,不管系统有多复杂,机器都不可能有意识。有些人根据可以在任何环境中解决复杂问题的能力来定义强人工智能,而且这个能力要大于或等于人的智力所能达到的水平。

图灵测试:由英国数学家艾伦·图灵(Alan Turing)于 1950 年发明,目的是评估机器或系统的智力水平。具体来说,图灵想通过将机器伪装成人,以自然语言对话的形式来测试系统的能力。在不公开身份的情况下,测试涉及人类操作员、另一个人及操作终端的机器。通过文字交流,操作人员需要猜测哪一方是机器。

弱人工智能:在有限的领域内模拟智能行为的系统操作。

BI:商业智能,同数据管理和用于运营及分析(决断)的挖掘相关的所有工具和组织。

大数据:"原始"数据和所有其他类型的数据,且根据定义超出了企业的一般数据管理能力。

数据:信息周期中的信息、原材料及基本元素。

数据湖:包含任何格式数据的数据库(或者数据存储仓库),其中包括读取时的结构化。

数据市场:面向主题的决断数据库(专用于某领域),例如一个"顾客"数据市场专门用于顾客关系管理的决断数据库。

数据仓库:包含所有企业决断数据(所有主题)的决断数据库。

GAFA:Google、Apple、Facebook 及 Amazon 的简写(主要的线上玩家)。

Hadoop:一组大数据处理流程和技术。

规则引擎:有助于专家系统和挖掘预测数据库(规则)实现的技术手段。

机器学习和传统

商业智能的对比

下面是传统商业智能和机器学习的对比表(表 E.1),其中商业智能的分析模型是基于历史数据构建的(历史回归模型),机器学习具有自学习的功能,没有区分是否是监督学习。

表 E.1 传统商业智能与机器学习对比

	传统 BI (静态方法、未连接交易系统或连接不佳)	机器学习 (动态方法、和交易系统相互连接)
前提	采样的数据表示要进行什么预测	系统必须要和环境相连(需要同其交互)
模型:目标	统计学家知道要在数据中找到什么	确定目标(例如购买、总额、点击等)
模型:训练	模型由过去的数据进行初始化	取决于模式,监督:系统由大量数据训练。无监督:系统自我发现并边学习边调整决断
模型:更新	统计学家必须要利用新数据(和/或"说明"变量)进行重置以更新模型	系统自学习,在一个闭环系统中适应动作和响应

附录 F

APPENDIX F

基于机器学习实现
定制方案所需的步骤

（1）第一步是通过不同的联系通道（电商网站、移动应用及电话中心等）和任何正式交互（通过正式授权/身份识别）或匿名交互（无授权/身份识别）来识别一个客户。

（2）第二步涉及用户目前处于客户购买周期的哪一个点上：①有兴趣的潜在客户；②帮助找到所需的信息；③开始了承诺阶段（如注册通信信息）；④识别期望和偏好；⑤建立关系；⑥方便用户对服务的访问（移动应用及去物质化等），以及⑦允许用户分享自己的体验。

（3）根据客户概况及所有联系通道所得到的客户期望，定制该用户的消息、内容及产品等。这一步非常重要，因其是整个个性化战略的关键。

（4）所有联系通道需要从技术和商务上纳入（所有人员的服务保持一致），这样才能确保在整个客户旅程过程中的内容和消息的完整性。

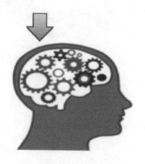

（5）必须得基于自学习系统（机器学习）设计定制方案，以实现整个流程中的分析模块。

（6）无论是哪种联系通道，和客户的交互都要实时交付分析方案（通过数据湖），这样才可以实现自学习。